别烦恼啦

平常心のレッスン

[日] 小池龙之介 著

李颖秋 译

北京联合出版公司
Beijing United Publishing Co.,Ltd.

目 录 | CONTENTS

第一章 为什么无法保持一颗平常心
——如何与自尊心打交道

由"平常心"一词联想到的词语 003

所谓"在乎" 007

心态的模式化 011

人都有各自不同的条件反射的毛病 013

评价 = 拒绝原本的样子 017

和平常心作对的是自我,也就是自尊心 019

世上的人都有各自的"商品价值" 022

自尊心的根源性意义在于"攀比" 026

意识与无我 028

最基本的平常心的功课 031

本章小结 042

第二章　为什么会变得讨厌别人
——同事、朋友、家人之间人际交往的"保鲜剂"

原本为什么会有喜欢和讨厌的感情 045

无法保持平常心是因为"支配欲"的存在 049

公司就是一个"支配"和"被支配"的世界 054

作为上司的你，为什么会被部下搞得烦躁不安 056

即使"介入"也无法改变的部下，让上司感觉很受伤 059

作为部下的你，该如何应对上司的支配 063

只想不让自己吃亏的想法 066

某种程度上，人必须选择环境 070

自尊心强，特别喜欢攀比的人，是活得最痛苦的 073

迎合对方自尊心的行为，会更加提升对方的自尊心 076

追求与自己不相符的成功，所以才会觉得累 080

本章小结 083

第三章　关于"喜怒哀乐"，佛陀是如何教诲我们的
——佛道式的情感控制

"喜怒哀乐"到底是好事还是坏事 087

仅凭喜好和厌恶来生存是很难的 091

自卑的烙印会让生存更痛苦 094

累积愤怒注定是要遭报应的 097

请留意自己神经的构造 099

多巴胺的生理机制是有效的吗？ 105

快乐主义的现代人，实际上过得很痛苦 110

"喜欢"只是大脑的错觉 115

人被记忆所诅咒 119

"乐"毕竟对身心都是有益的 122

"不拘泥、不讲究"是各种"乐"的状态的共通点 124

享受过程，我开的处方 128

喜欢碎叨男的女性会走向不幸 131

惊讶是心灵的毒药 136

学会从更高的层面上接受 137

步行冥想——把自己的意识集中在足部的感觉中 139

坐禅时要把意识集中到呼吸上的理由 142

"乐"是可以锻炼的 144

不要过度追求，做任何事情都要学会尊重现状 147

要学会善于操作"乐"，控制"喜"和"怒" 151

"乐"也会有的陷阱......154

冥想修行中潜在的奴隶......157

喜悦感不是一种剧毒......160

关于"喜怒哀乐",佛道式的结论......162

本章小结......164

第四章 用平常心来看待生老病死
——接受死亡的功课

释迦牟尼佛祖最初的说法......169

求不得苦——一番追求而终未得到的痛苦......172

达摩大师的教诲——"莫妄想"......175

还是要强调,接受 = 平常心......177

接受自己的弱点......179

"五蕴盛苦"——人生就是充满了各种痛苦......181

临死前,人唯一能带走的......184

佛道对待死亡是一滴眼泪都不掉的......186

接受悲伤的三种态度......188

释迦牟尼佛祖面对任何事情都不会掉眼泪......192

年轻时就要开始培养对死亡的心理准备 194

越是讨厌，衰老越是会加速 198

接受疾病的功课 202

护理中应该学习的要点 205

告诉自己"算了吧" 207

本章小结 210

第五章 有助于培养平常心的日常习惯
—— 不着急，不放弃

从"必须这样做"的状态中解放出来 213

冥想时间 216

冥想注意点——不要为心灵的垃圾而慌张 219

"七觉支"的教诲 222

吃饭也可以当作培养平常心的功课 225

咀嚼距离冥想已经很近了 229

让身体感觉到疼痛的拉伸 233

客观地"书写"自己的状态 235

不要追求完美的自己 239

本章小结 244

别烦恼啦

第一章

为什么无法保持一颗平常心
——如何与自尊心打交道

由"平常心"一词联想到的词语

当大家听到"平常心"这个词的时候,一般都会联想到哪些词语?本书的论述将从探寻平常心的内涵开始。

"没什么反应。"
"对事态的变化没有表现出过度的反应。"

可以从这个切入点来理解平常心。当发生某种状况时,如果立即表现出或者过度表现出不必要的"反应",这就不是平常心应有的状态。

"放弃。"
"舍弃。"

这是指当发生某些状况时,不会特意地去把握、掌控事态的发展,而是首先选择"舍弃"或者是"放任自流"。这种心态,用佛道的语言来描述,就是"舍"。

"平静。"

平常心还会让我们联想到平静——一种身心都沉静到没有一丝涟漪的状态。或者说,让我们联想到这样的场景,当周遭一片嘈杂骚乱之时,只有那个人能够保持方寸不乱,淡然处之。

"接受。"

这也是我们能从"平常心"这个词联想到的关键词之一。无论眼前发生了什么状况,无论内心发生了什么样的情绪波动,都能做到不拒绝、不抵抗,全盘接受。比如说当讨厌的上司就坐在你面前时,当你生气愤怒时,当你伤心痛哭时,当你焦躁不安时,当你春风得意时,面对所有的状况你都能做到不抱怨、不吐槽,全盘接受。

当人们面对不如意的状况时,当人们看到令自己感到厌恶的事物时，往往会变得心绪混乱，急切地希望自己尽快从这样的状态中摆脱出来。而所谓接受，就是坦然面对这一切，接受这些事实。

"放任自流。"

当有人对我们说"请自便"时，我们可能会觉得有一点点矫情。让事物保持最原始、最本真的状态，不强求、不管束，放任自流，我觉得这也是平常心非常重要的因素之一。正是因为我们总是接受不了，或者不愿意接受事物最原始、最本真的状态，所以，当我们头脑中持有的幻想和现实发生冲突时，我们就会责备现实中的别人和自己，抑或想逃避不如意的现实，而这些时候往往最容易发生心绪的摇摆和波动。当我们面对这些不如意时，如果能够想着"这是没有办法的""他就是这样的人，没有办法，只能接受"，尝试着用这样的心态去接受事物最本真、最原始的状态，我们的心绪就会变得更加沉静和从容。

"从容。"

"淡定。"

"镇定自若。"

很多人都希望在发生不如意的状况时,关键时刻自己能够保持一颗"平常心",用一种从容淡定、镇定自若的态度去对待和处理事情。也许很多人选择打开这本书翻阅,就是想让这本书帮助自己获得这样的心态。

所谓"在乎"

当我们能把这些从"平常心"一词联想到的词语逐个列举出来时,我感觉我们已经能够在朦朦胧胧中大致看到平常心的轮廓了。

接下来,让我们一起来思考一下一旦失去了平常心,将会是一种什么样的状态。也就是说,什么样的状态是距离平常心最遥远的。

前面讲到了"舍"的态度,也就是"舍弃,放任自流"。这种态度的对立面就是"舍不得,放不下",也就是"在乎"。

人们在自己执着追求的事物上,总是会特别在乎来自他人的褒奖,抑或是来自他人的羡慕和崇拜。反过来说,在自己并不在乎的事情上,也就不太在意别人的评价。

比如说,我在自己运营的"家出空间"网站上,以插图的形式上传了很多我自己画的四格漫画。当别人对我说,这些插图画得一点都不好,看起来很幼稚时,我一般只会一笑了之，绝对不会生气。因为我自己对于插画这个领域，并不是很看重，纯属娱乐消遣。我原本就不是绘画方面的专家，我也不觉得自己画得有多好，所以不在乎别人对我画的插图做任何评价。

而如果换作艺术大学或者美术大学出身，对自己的绘画水平具备十足的自信，在这方面非常讲究并且有着各种独到见解的人，那么当别人对他的画作评头论足时，他就很难做到泰然面对了，他的平常心很容易被扰乱。

这些人一旦听到人们褒奖他们的画作，就会心情大好。这种快感迅速占据他们的感官，他们就会对来自他人的褒奖不断地产生更强烈的欲求。他们渴求得到更高的赏识和赞扬，渴求从更多的人那里得到对他们画作的褒奖。这是因为心灵一旦被快感占据，就会产生"耐受性"。如果得到的只是和迄今为止所得到的褒奖同等水平，内心就会觉得越来越不满足。当我们感受到快感时，我们的大脑内部会开始分泌一种名叫多巴胺的物质。当我们受到的褒奖和之前所受到的差不多时，即使分泌了同等量的多巴胺，但因为与之对应的神经细胞受容体已经产生了耐受性，所以产生的爽快感会远不如之前，我们反而会因为不满足而感到烦躁不安。然后，我们就会不断地渴求得到"更多更高"的褒奖。比如说，深受失眠困扰的人，一旦服用了催眠药，而且多次反复服用的话，他们的身体就会对催眠药产生耐受性。同等的剂量所能产生的效果将会大大减弱。于是，就会陷入一种恶性循环的状态，需要不断地加大用药量才能有效改善失眠。

同样的道理，当一个人习惯了被褒奖，在没有人褒奖甚至遭到批判时，他就会变得越来越脆弱，越来越容易受伤。

"你觉得这幅画怎么样？"

"不是挺好吗？"

类似不冷不热的反应会让在绘画方面受到过很多褒奖的人觉得很不舒服，而一旦听到"现在还只是刚起步"之类的评论，就会深受打击。

如此这般，当这种"在乎"的心态愈演愈烈时，他就会变得对"画"或者"绘画"之类的信息非常敏感。即使并没有真正听到别人的对话，也会忽然觉得对方好像是在谈论"画"。举个很容易明白的例子。每个人对自己的名字都再熟悉不过了，而且也都很在意自己的名字。

当我们在咖啡厅喝咖啡时,邻座的陌生人在对话中突然提到一个发音和自己名字很接近的词,虽然明明知道应该和自己无关,但还是会不自觉地走神,开始注意邻座的对话。

心态的模式化

类似的"在乎"和"在意"一旦形成特定的反应模式,就会很容易产生模式化的心态。对于自己所在乎的事情,内心无法保持平静,总是被条件反射支配,彻底丧失平常心。

在乎 = 心态的模式化

自己在乎的事情受到褒奖→感到快乐→希望得到更多更高的褒奖

自己在乎的事情遭到贬低→感到痛苦→会有更严重的受伤感和失落感

这里的"快乐"和"痛苦"就像一枚硬币的正反两面:越在乎就越容易追求更多的快感,而其中所蕴藏的痛苦也同样呈正比例增长。强烈的快感必然伴随着同样强烈的痛苦。当快感不断地侵蚀我们的内心时,当我们的心灵沉浸在甜蜜之中时,一丁点儿的"苦"也会引起强烈的不愉快感,可以说快感的副作用就是痛苦。

这就是远离平常心的一种状态。最开始画画是一件很纯粹的事情,只是喜欢画画而已,但随着对画画这一行为的执着追求不断加深,通过把画作展示给别人看从而获得快感,逐渐就演变成一味地追求别人的评价。当一个画画的人更在意别人对自己画作的评价时,就会陷入与平常心完全对立的不安定的精神状态之中。

人都有各自不同的条件反射的毛病

可以说这就是一种"躁"的状态：一旦得到褒奖，就会心情大好，阳光灿烂；稍微被否定了一下，就会深受打击，一蹶不振。这种总是在快乐和痛苦之间如坐直升机般忽上忽下，情绪波动剧烈的人，现实生活中还真不少。

不过，因为每个人执着和在意的事情不同，所以在乎的方式也会各有千秋。

比如说，职场上不乏对工作尽职尽责、鞠躬尽瘁的人。而随着在工作上付出的努力越来越多，这类人也会得到越来越多来自周围上司和同事们的认可。于是，他们就会觉得自己很能干。

当工作开展得顺风顺水时，有的人会不自觉地变得傲慢，得意扬扬，颐指气使。而当他越来越觉得自己很能干时，稍微遇到点挫折就会忽然觉得很失落，甚至被强烈的挫败感击倒。对成功的追求，从某种意义上来说，就是要对可能会产生的挫败感有所准备，并有所承担。

如此这般，对于自己所在意的事情，无论成败、得失，心态都会呈现出一种模式化的反应，所有的相关情绪都是自动化地产生并波动变化着的。而之前我们已经论述过，所谓平常心，就是"没什么反应""对事态的变化没有表现出过度的反应"，所以这种模式化的心态和平常心刚好相反。一旦内心的反应开始出现模式化，实际上就已经陷入一种每个人特有的条件反射。

说到条件反射，无外乎两种类型。

一种是对待自身外部和周围所发生的事情的反应。对于看得见、听得见的事物，气味、味道、温度等外部环境的变化，每个人都会有不同的反应：或感觉舒适，心情舒畅；或感觉恶心不适，心情烦躁。对于"视觉、听觉、味觉、嗅觉、触觉"所感受到的信息，产生或愉悦或不快的反应，这是一种条件反射。

还有一种条件反射，是指对于"自己的想法，自己所追求的事情"产生的内在的条件反射。实际上，这种内在的条件反射要比五官感受所产生的条件反射具有更强烈、更不易摧毁的力量。

比如前面举例的"感觉自己很能干"这种条件反射。仔细想来,认为自己很能干的人,通常都是自己在用百分之一百二十的精力努力表现。所以,面对"今天完成了三项工作"这一事实,马上就会产生"我真的是太能干了,太了不起了!"这一条件反射。

而当一个人只用了自己所预想的百分之八十的精力去工作的时候,就会觉得什么都还没开始干,这一天就迷迷糊糊地结束了。得失心强的人还会觉得"这样哪行啊,绝对不容许自己如此堕落",这也是一种条件反射。当现实中的自己做得不如预想中的自己那么好时,就会条件反射式地进行"自我否定"。

而一个人一旦因这种自我否定降低了自己的士气和干劲,工作上的表现就会慢慢退步,逐步下降到百分之七十,甚至百分之六十。结果,非但心态无法恢复,随着自我否定的不断加深,整个人的状态就会陷入一种恶性循环。于是,最终离自己所执着追求的"在工作上很能干的自己"越来越远。

"深信工作上很能干的自己→低于自身预想的工作表

现→自我否定→工作表现得越发低下→愈演愈烈的自我否定……"一旦陷入这样的恶性循环，就会距离自己所追求的"在工作上很能干的自己"越来越远。

　　类似这种源于执着追求的恶性循环，在我们人生路上的各种局面中都会遇到。比如那些执着追求以瘦为美，希望自己"苗条纤细、婀娜多姿"的女人，其中就有很多陷入了这样的恶循环。"对自身苗条身材的执着追求→过度减肥→总是无法达到自认为理想状态的身材→自我否定→因压力过大而暴饮暴食→身材反弹的自己→自我否定→暴饮暴食……"

评价 = 拒绝原本的样子

在条件反射的过程中,我们内心会拒绝现实原本的样子,进行或好或差的评价。其实对于事物本身,"好"也罢,"不好"也罢,就如同电视评论员一样,所有的判断和评价都是很随机、很主观的。

我们在接触一些信息时,很容易在瞬间条件反射式地觉得"好"或"不好"。我们很难摆脱这种内心主观的评价。

前几天,我坐电车的时候,看到一个非常漂亮的女孩(我主观上感觉很漂亮)正在大口地吃面包。我立马做出了如下评价:"如此漂亮的美人儿却有着如此没有品位的行为,真是太可惜了。"虽然我不讨厌这个女孩,但还是做出了诸如"可惜""遗憾""不好"之类的评价。对这个女孩来说,被别人这样想是多么大的耻辱。而我的评价乍一看似乎没什么害处,但刺激了我的傲慢和优越感，我内心的平静也在不知不觉中被剥夺了。

如果面对自己，也总是很轻易地做出类似评价，自己的平常心将会遭到毁灭性的破坏。

为什么会这样呢？其实很简单。因为自己的内心更容易被距离自己更近的事物影响。当朋友说他上司坏话的时候，反正是别人的事情，事不关己，高高挂起，你可以很平静地来一句"那是挺烦人的"，以示同情。而当自己的恋人或者家人被上司欺负时，你可能就无法平静地去倾听了。任何事情，一旦加上"自己的"这三个字，平常心立马就会被搅乱了。

也就是说，面对的事物离自己越近，越是和自己相关，我们越难以保持平常心。而距离自己最近的是"自己／自我"，正因如此，每当我们评价自己的时候，总是百般纠结。

自己成为外在的评价对象，让别人来评价自己，这是一件非常痛苦的事情。而让自己评价自己，也就是自我，想要保持平常心，那是极其困难的。

和平常心作对的是自我，也就是自尊心

综合我们上面所做的各种论述，实际上，"自我"才是处在平常心对立面的角色。自我也就是"自己""自己是""自己的"等所有与自己有关的形象，而自己的形象是和对自己的评价紧密相连的。换个说法，其实就是"自尊"。与自我相关的感情，对内心情绪波动的影响是最大的。

自尊和迄今为止所论述的"在乎""在意"，其实意思是一样的。现代社会中，我们总是习惯于把"自尊"用在好的地方，而把"在乎"用在不好的地方，但它们的实质是一样的。

现代社会竞争激烈，每个人都把自尊看得很重。而我们所接受的教育也一直都在强调自尊，培养自尊。虽然也不乏"自尊心过强"之类的批判性语言，但大家都认为"拥有自尊"是一件理所当然的事情，是能在竞争

社会中生存下去不可或缺的品格。

现代人从孩提时代起，无论是在学校里的功课上，还是在游泳、钢琴之类的特长培养上，父母总是会有意无意地传递出这样的信息："不要输给别的孩子，要成为比别人都优秀的人！"大多数孩子都是在这样的环境中成长起来的。我们经常会听到为人父母的对自己的孩子说："加油，不要输给谁谁谁。"当一个孩子在考试中取得了好成绩，在班里名列前茅时，大多数的父母都会为此喜笑颜开，备感欣慰。

还有现代学校中的个性教育理念，经常给我们灌输独创个性化才是自我实现最重要的途径之类的观念。潜移默化中，我们都被洗脑了，自以为是特别的存在。而实际上，现实中的我们未必都具备特别的天分和才华。我们勉强自己做一些与众不同、特立独行的事情，反而让自己痛苦万分。

在这样的成长过程中，自以为是、唯我独尊的自我意识不断膨胀，我们试图通过不断展示自己与众不同的优点，来确认自己存在的意义。

即使在学习上无法成为第一，也要凭借性格上的幽默、服装上的品位,或者是善于表达、善于聆听等各个方面,让自己和别人做到差异化。"在这方面,我比别人强""在这方面,我是最棒的",我们通过类似的主张来提高自身存在的意义和"商品价值"。

世上的人都有各自的"商品价值"

所谓"商品价值",并不是一种极端的说法。在劳务市场,劳动者就是被当作一种商品来看待的。就职活动本身就是一个给商品估价,企业决定是否购买的过程。

就职活动其实就是一场与别人差异化的宣传活动。最近几年,日本经济不景气,就业市场一直是买方市场。很多找不到工作的年轻学生,自认为自身没有了商品价值,在不断地自我否定中自我折磨。就职活动这一时期,可能是人生中最难以保持平常心的一段时期。

不过,这种"与别人差异化的竞争"在步入职场后依旧远未终结。每个人都试图通过各种方式来展示自己与众不同的一面。比如说,很多人喜欢标榜"我在知名企业工作""我的年收入在大学时代的朋友圈中是最高的",而最近几年,更多的人喜欢标榜"我比任何人都更加享受工作,我在工作中实现了自身的价值"。

每个人都有自己维持自尊的基准。也就是说,每个人都执着于各自的基准,不断地和别人攀比,自己赢了就得意扬扬,输了就沉沦失落。无非就是"攀比"→"赢"→"得意"或"攀比"→"输"→"失落",两者都只不过是机械性的"条件反射"而已。

如此看来,现代人为了能在竞争社会中生存下去,从小就在一个重视自尊的环境中接受教育并成长起来。我们从小接受的教育都在告诉我们如何才能收获幸福。而在现实社会中我们却发现,真正的幸福其实是很难得到的,也许这就是现代社会中到处泛滥的压抑感的源泉吧。

我们身上那些为了能在竞争社会中生存下去而自幼培养的自尊反而成了一种搅扰,有时甚至导致我们在工作上的士气和表现下滑。这就是前面所提到的恶性循环。如果在工作上能够从容地保持一颗平常心,凡事都尽力而为,即使每天的工作表现多少存在些起伏,但只要稳扎稳打,日积月累终究还是会有所收获的。而如果因过度的自尊导致工作状态陷入恶性循环,就会影响我们在工作上的整体表现和发挥。自尊的存在,原本是为了让我们能在竞争社会中更好地生存下去,现在却本末倒置,起了反作用。

再举一个相对极端点的例子。抑郁症是世间众所周知的一种很严重的病症。我觉得抑郁症的根源就在于自尊心的问题没有处理好。抑郁症真实的病因貌似在医学界还没有得到确切的结论，其实从自尊的角度来考虑，还是能看出一些端倪的。

据说越是做事认真、责任心强的人，越容易陷入抑郁状态。换个角度来看，其实可以理解为"自以为可以达到某种高度"，这种过度的自尊心正是所有烦恼的根源之所在。高高在上的自尊心无法容忍"现实中达不到如此高度的自己"，于是内心就开始对自己做出各种惩罚，以致心情压抑，精神恍惚。

还有一种症状就是抱怨，现在越来越多的抑郁症患者表现出来的症状就是总在埋怨周围的一切。在公司中工作开展不顺利就埋怨上司和周围的同事，觉得自己没有得到应有的评价。这种类型的抑郁和无法满足自尊心的抑郁根源是相同的。只不过是把自尊心难以得到满足的原因归咎于他人，用责备他人的方式来代替责备自己而已。

不管哪种类型的抑郁，都无非是将"理想中的自己"和"现实中未能达到理想状态的自己"相比较，结果导致内心痛苦的一种心理状态。

自尊心的根源性意义在于"攀比"

所谓自尊心,必须有一个比较对象作为坐标。而所比较的,正是我们多次论述过的他人或者是自己内心所存在的自我形象。只有在比较对象存在时,自尊心才能成立。

在佛道的语言里,自尊被称为"慢","傲慢"的"慢"。而"慢"这个字,从语源上来讲,就具备比较的意思。

人这一辈子,总是活在与他人的比较中,活在与自己脑海中所存在的自我形象的比较中。这里所提到的自我形象和自尊心,仔细想来,可以看出包含以下两个方面:

一方面是之前所论述过的,接受父母和社会所要求的价值基准和评价基准,在不知不觉的耳濡目染中,这些基准已经深入内心。刚出生的婴儿,就像一张白纸,根本不知道要努力学习考上好的大学,找个好公司才能收获幸福。这样的价值基准完全是在父母和社会的影响下,不知不觉中在脑海里根深蒂固的。

另一方面，这里所说的自我形象也是"过往海量记忆的累积"。人们虽然经常将"自己"和他人做比较，但相对于这种比较，更频繁的是将"现在的自己"与"过往的自己，过去的记忆"做比较。

比如说一个五十岁的人，在和他人比较时，他可能会觉得"那小子还嫩了点吧"。可是一旦和过去的自己比，他就会感慨"唉，老了啊"，于是就会感觉很伤心。这里也包含了人类对于无法逃避的生老病死的恐惧之心。

不仅仅是针对自己曾经拥有如今却不再拥有的，还有自己曾经有能力做到如今却做不到的。人的一生，几乎在所有的场合中都会不自觉地将"过去"作为参照物。

比如说，"吃"这一行为。喜欢吃寿司的人，拿着美味的寿司享用时，要想做到只是单纯地品味寿司的味道，那是非常难的。因为注定是要和过去记忆中的美味做比较。比如说他可能会在心里嘀咕："这是迄今为止吃过的最好吃的寿司""这家店，味道不如以前了""我就是喜欢这种经典不变的美味"，等等。也就是说，此时此刻，我们在品味嘴里的寿司的同时，也在回味过去记忆中的寿司。

意识与无我

这种总是将此刻的自己与他人、与过去的记忆相比较的心态，我觉得还是有一定意义的。"自尊＝慢"，在与他人、与过往的比较过程中，虽然心情会时好时坏，但两种比较类型的共通之处在于，内心会在比较的过程中逐渐形成一种自我认识："原来我是××类型的人。"

不管是感觉"我很优秀"，还是感觉"我很差劲"，都能感觉到"这样的自己确确实实地存在着"。也就是说，在比较的过程中，我们可以确认自身的存在感，确认自己此时此刻所处的"位置"和"状态"。

每个人的内心深处，都有想确认自身存在和自身所处位置的冲动，所以也就不难解释为什么我们的一生都在同他人和自己比较的过程中度过。在西方哲学中，这种现象被称为"意识＝自我同一性"。人们正是为了确认从过去到现在一直存在的自我，所以才要经常回味过去。

而从佛道的视角上来看，过去的都已经过去了，已经不存在了。只有此时此刻的这一瞬间才是真实可以体验、可以感受到的，过去只不过是脑海里留下的幻象而已。而过往一直累积下来的留存在记忆中的各种感情所蕴藏的能量，在佛道中被称为"业力"。我觉得就是因为在"业力"的作用下，人们才无法尽情地享受此时此刻，无法正确地享受人生。

而只要稍微深入研究一下佛道中所说的"自我"，就会发现所谓"自我"根本就是不存在的。自我存在于脑海里，存在于内心深处。研究来研究去，你会发现"自我"只不过是一种幻想而已。认识到这一点，就能明白为什么佛道里会有"无我"的说法了。

原来"自我"是不存在的。可以说正是因为我们都不愿意接受如此赤裸裸的真理，所以我们才要不停地向内心施加各种强烈的刺激，让自己不断地形成一种"自己确实存在着"的错觉。我们大多数人的生存方式就是，不断地让根本不存在的"自尊＝慢"的幻觉膨胀，不断地给予自己的内心各种强烈的刺激。而在这种状态下，想要保持一颗平常心太难了。自己与自己所制造的各种幻想较劲，沦为幻想的奴隶,这种时悲时喜的状态就是"慢"。

当你意识到"慢"的状态,并尽量弱化幻想的支配作用(即使你无法从内心深处认识到无我的意义)时,你和平常心之间的距离也可以缩短一大步,你的生活状态一下子就会变得轻松许多。

最基本的平常心的功课

如何在日常生活中逐步让自己从"慢"的状态中摆脱出来?如何逐步拉近自己与平常心之间的距离?在本章的最后一部分,我将给大家介绍一些初步的训练方法。这些方法都非常简单,大家可以在日常生活中有意识地去尝试,去训练自己的心态。

①意识到心灵的能量在任性地上下波动,并接受这种波动

人心总是变化无常的,一直都在动摇,在波动。刚刚还是状态饱满,百分之一百二十地发挥,却因为疲劳,突然就降低到只能发挥到百分之八十。类似的经历,每个人都有。

最重要的是要意识到人心原本如此,并接受这一事实。波动是自然而然的现象,要学会时刻接受此刻的自己。

要告诉自己此刻的自己和过去的自己是不一样的,过去曾经发挥出百分之一百二十的自己是另一个自己。也就是说,每时每刻自己都在发生变化,所以说和过去的自己做比较是没有任何意义的。因为和过去的自己较劲,导致自己情绪低落,就是一种被过去吞噬的状态。

内心能量的波动,其实是自身迄今为止在心中所储存的"业力"以一种重复过去的形式出现。也就是说,在不知不觉中,过往状态好时的情绪和状态不好时的情绪,在一种无意识的层面上再现。这种再现一直都会有,其结果就是造成了内心能量难以控制地上下波动。

佛道修行的目标就是要从"业力"的影响中摆脱出来。而作为修行的第一步,也是最重要的一点,就是要接受"人心无常"这一事实。接受了这一点,你就可以防止自己总是和过去的自己较劲,你就不会轻易且莫名地感到失落,也不会忽然觉得现在的自己很了不起。

这种"接受自己"的态度和"珍爱自己"之类的自我陶醉式的思维方式还是完全不一样的。不是爱自己,而是站在一种更客观的立场去凝视自己内心的态度。意识到"心态原本就是会波动的",不得意扬扬,也不失落沉沦，以一种"就是这样子的"态度来对待，就可以了。

无法接受自己内心的状态，就是找不到"心灵的居所"。没有了心灵的居所会怎么样呢？你就会到处去寻找心灵的居所，于是你就会陷入彷徨。

比如说，沉浸在自己过往的荣耀和辉煌中，或者为了转移视线而逃避面对现在的自己，甚至用酒精来麻痹自己，或者沉浸在娱乐节目和电影镜头中无法自拔，用这些外界的刺激来误导自己。如果你不能接受"心态原本就是波动的"这一事实，你的心就会一直悬在半空中，永远都无法保持淡定，你就会一直处在迷惘逃避的状态中。

为了避免陷入这种状态，让自己的心能够踏实起来，请冷静地对自己说："内心情绪的波动原本是基于过往所积累的业力而形成的。反正情绪是一直变化的，所以不用太在意，较劲也没用。"你要学会让自己接受这样的事实。我在进行冥想指导的时候，经常会对徒弟们说："即便此时此刻冥想的状态不错，也请不要因此而得意。漫长的修行之路上总是会遇到状态不好的时候。反之，即便现在感觉冥想的状态不佳，也不要因此而消沉，因为总会有状态好的时候。"不仅仅是冥想，工作、人际关系都是如此。这段看似平常的话里，其实就蕴藏着平常心的秘诀。

②不要对周围的情况做好或不好的评价

和接受自己内心的情绪波动同样重要的是，不要对周围发生的每一个状况都做出或好或坏的判断。人们不仅仅会随时针对正在和自己直接进行对话的对方做出判断，对于身边的一切所见所闻，也同样随时都在做出自己的判断。

比如说，电车上出现了一个正在当众化妆的人，你可能会感觉很别扭。比如说，看到别人的孩子当着父母的面说脏话，你可能会觉得这孩子很没教养。遇到有人横冲直撞碰疼了你的肩膀却不道歉时，你可能会感到愤怒。

如此这般，发生在身边的每一次遭遇，你都要一一做出反应，做出或好或坏的判断，你内心的情绪就会一直处在波动之中。你就会离平常心越来越远。

为了避免陷入这样的状态，请不要时时刻刻、随时随地做出或好或坏的判断。你要认识到事情就是这样的，最重要的是去接受事实。你只要接受这种状况就好了，什么好啊，坏啊，就随它去吧。

翻来覆去地对世事做出各种判断是很累的。仅仅是把这种判断置之度外，心态就会一下子轻松很多，踏实很多。当你忽然在某个瞬间想做出一些判断时，你可以尝试着在内心深处悄悄地对自己说："就这样吧，随它去吧。"

③要像对待孩子那样对待自己的心灵，一味地责骂只会让其崩溃

这一点有点像打比方。对待自己心灵的态度，要像对待自己的孩子那样用心。这样才能让自己变得更淡定，才能拉近自己与平常心之间的距离。

说起育儿，最重要的一点就是——"保护好孩子的天性，尽量不去太多地干涉和管束孩子，给予孩子最大的自由和空间"。为人父母，只有做到这一点，才能让孩子在家庭环境中找到属于自己的空间，并拥有安全感，才能帮助孩子建立起走向外面的世界、经历世间风雨的自信。

经常听到育儿专家们说育儿过程中最重要的就是"夸奖"。我觉得这点未必百分之百正确,夸奖本身就是一种价值判断。来自父母的夸奖,旨在强化孩子的某种行为。于是,经常被夸奖的孩子就会在父母灌输的价值观中成长。也就是说,所谓夸奖,其实包含着父母对孩子的一种"命令"。从这个意义来讲,"夸奖"和禁止某种行为的"责备"可以说是一样的。即使是夸奖,也是由父母做出了或好或坏的判断,实际上就是在命令:哪些事是可以做的,哪些事是不可以做的。

当然在育儿方面,一定程度上的价值判断和命令是完全有必要的。让完全不谙世事的孩子在社会中找到自己的位置,父母有义务也有必要对孩子进行教育。尤其是从掌握社会规范的角度来看,最低限度的命令确实是有必要的。不过,一旦"夸奖"和"责备"被父母过度使用,就违背了"保护孩子天性"的原则。

有些父母当孩子把房间收拾得很整齐、很干净的时候就毫不吝啬地给予夸奖;一旦发现孩子把房间弄得乱七八糟,就烦躁地冲孩子发火,责备甚至斥骂孩子。孩子长期在这样的环境中成长,就会在无形中形成一种价值观——如果不把房间收拾整齐，自己就会和自己过不去。孩子会觉得父母不喜欢这样的自己，甚至可能因此而惴惴不安，逐渐失去最宝贵的安全感。这个时候，孩子有可能会变得越来越不听话，以此来引起父母的注意。也有另一种可能，孩子会形成强迫症，为了不惹父母生气，强迫自己这样或那样。无论哪种都是心灵的扭曲。一旦孩子觉得自己没有做到像父母所期望的那么好，他就会接受不了这样的自己。那么，他今后的人生之路都会充满压抑和痛苦。有的孩子长期在这样的环境中成长，在极端的情况下甚至会精神崩溃。

父母对于孩子而言，拥有绝对的权威和震慑力。毋庸置疑的是，很多父母都对孩子抱着各种各样的期待：希望孩子今后能够走上什么样的人生道路，希望孩子今后能够成为什么样的人。很多父母都相信为了孩子今后能够获得幸福，自己所做的一切都是为人父母应该做的，是完全正确和毋庸置疑的。

希望做父母的一定要意识到自身对孩子的巨大影响力，不要忘记"保护孩子天性"的重要性。

到这里为止，我花了比较多的笔墨讲了一些有关育儿的话题。其实，把这段论述中的"孩子"直接置换成"自己的内心"，也是完全成立的，都是同样的道理。

如果一味地任由自己的"自尊心"恣意支配自己的言行，不断地对自己内心的状态做出或好或坏的判断，内心就会痛苦、压抑，找不到归属感，甚至可能会崩溃。

就像父母对于孩子而言有着强大的震慑力那样，"自尊心"因为是过往的"业力"在漫长的岁月中日积月累形成的，所以同样也具备强大的力量。如果我们不去有意识地控制这股力量，就很难接受自己内心最原始、最本真的状态。

人心就像孩子一样，过多的责备和命令是会让其崩溃的。请不要忘记最重要的原则就是一定要接受自己内心最真实的状态。尤其是当你遇到一些不如意，身处逆境消沉失落的时候。越是在这种内心痛苦压抑的时候，越是要铭记这一原则，不责怪自己，尝试着去接受自己此时此刻的心灵状态。当你精神不振时，当你疲惫犯懒时，你可以在心中对自己悄悄地说："此时此刻提不起精神，没有干劲啊。"你要尝试着让自己去接受这种状态，告诉自己："现在的我就是这种状态。"

④监控自己的心灵

认识到"人心原本就是变化无常的",学会接受"内心最本真的状态",然后对于周遭所发生的事情,也同样尝试着去接受,不要轻易做出任何或好或坏的判断,这就是培养平常心最基本的态度。在这一前提下,请学会监测自己即便是努力去控制了,依然存在的"情绪的波动"。

要去观察每个人不同的"反应模式"和"条件反射的类型"。

"我是那种,一旦得到了上司的夸奖,就立马疲劳顿消,浑身上下充满了干劲的类型";"同样,反过来讲,我也是那种在工作上稍微被挑出了点小毛病就会立马像泄了气的皮球一样,一蹶不振的类型";"我是那种开车的时候,一看到行人和自行车就肯定会变得烦躁不安的类型";等等。如此这般,稍微拉开点距离,用一种客观的视角去监测自己,审视自己。

当你产生或喜欢或厌恶的反应时,可以换个地方,冷静地反思一下,"原来我喜欢这样的东西""原来那样的风格是我所讨厌的"。这其实就是在确认自己的反应模式和条件反射的类型。

这种监测很接近"认知仪表"。所谓"认知仪表",是指客观地去认识自己所有的认知方式和思考习惯。监测过程也同样是通过观察自己的内心波动和反应模式来完成的。

通过这样的监测,可以防止自己过度沉浸于某种感情和内心情绪的波动中而无法自拔。而且通过持续的监测,可以看出自己内心执着追求的究竟是什么,可以看出自己的"慢"究竟表现在哪些地方,可以看出自己一般会在什么场合做出什么样的条件反射,等等。这样一来,你内心情绪波动的幅度就会逐渐缩小。

当你明白了遇到什么样的状况自己会消沉,并接受这样的自己时,再遇到这些状况时,就可以有意识地让自己放松一段时间,并相信自己在经历了这段时间后还是能够恢复元气,尽快振作起来的。反之,当你凡事顺风顺水、人生得意时,如果你认识到这种时候自己的自尊和骄傲往往会表现在哪些地方,你就会有意识地去控制自己过度高涨的情绪,让自己不至于表现得过度高调和张扬。

还有，对于周围发生的事情，不要再事无巨细地一一做出反应，不要再急于做出各种价值判断，要学会放任自流，置之度外。如果你是一听到别人说自己坏话立马就会予以反击的人，当你意识到了你是有这种条件反射的人，你就会有意识地去控制自己，让自己尽量先冷静下来再继续对话。

总而言之，通过对自身情绪波动的监测，你会发现焦躁不安、大发脾气的时候逐渐减少了。你不会再沉浸于某种情绪中无法自拔。失落消沉时，你会怀抱着自己受伤的心，就像怀抱着一个孩子一样，慢慢地在接受这种状态的同时让自己恢复冷静。渐渐地，人生的海洋里，你不会再有太多的挣扎和溺死的危险，你会更加从容地游泳，更加悠然地享受人生的美景。学会让自己平心静气地持续监测自己内心情绪的波动，你就离平常心又近了一步。

本章小结

<u>放任自流</u>

不要对世事一一做出或好或坏的判断

<u>监测自己的内心</u>

接受"心态原本就是变化无常的"这一事实

<u>接受内心最本真的状态</u>

心灵就像孩子一样,一味地责备会让其崩溃

<u>认识到自己的"慢"并有意识地去控制</u>

<u>通过监测了解自己心态的条件反射模式</u>

第二章

为什么会变得讨厌别人
——同事、朋友、家人之间人际交往的"保鲜剂"

原本为什么会有喜欢和讨厌的感情

在本章中，我想和大家一起探讨一下为何人们总是会为人际关系所累，为什么无法做到用一颗平常心来与人交往。职场、家庭、亲戚、朋友……报纸上的心理咨询类专栏里，所刊载的咨询内容几乎都是一些人际关系方面的烦恼。我也听说过，在辞职、跳槽的人中，八成左右是因为和上司之间的人际关系出现了问题。

当我们深入思考为什么我们总是会为人际关系所累，为什么会有如此之多的人际关系方面的烦恼时，我们会发现很多时候这些都与我们对身边一些人的喜好有关。"我喜欢××""我讨厌××"。当我们讨厌一个人时，只要对方在旁边，我们的心情就会变得很不愉快。而谈到喜欢，看起来似乎不存在任何问题。事实上当你喜欢一个人时，对方未必同样地喜欢你；两个人互相对对方所抱有的好感度也未必是程度相当的。你喜欢他，而他不喜欢你，你就会为此而烦恼不已。这种状态一旦长期持续下去，你的自尊心就会深受打击，你就会痛苦不已，在潜意识中开始变得讨厌对方。

释迦牟尼佛陀告诫我们："不要遇见爱的人，也不要遇见不爱的人。"因为喜欢也好，讨厌也好，爱也好，这些都是一种"执念"，注定会产生痛苦。这就是佛陀要告诉我们的。如果你远离这些感情，对任何人和事都谈不上喜欢和讨厌，更谈不上爱，那么大多数时候，你的确是可以做到保持一颗平常心的。但是像我这样的凡夫俗子，和大多数读者朋友一样，真的很难达到这种境界。

所谓"喜欢"和"厌恶"，这样的感情可以说是作为动物的人的"业力"。人的生命正是通过"喜欢"和"厌恶"这样的条件反射，或者说是通过"喜欢"和"厌恶"这样的感情所产生的兴奋，才能保持生命的活力。

对于危险的事情，我们会天生带有"厌恶"的本能。在行动上我们会表现出两种状态：要么是敌对情绪高涨，摩拳擦掌与之斗争；要么就是选择逃避以求远离危险。

人类在数万年的进化过程中，基本上随时都会遇到来自其他动物的攻击，甚至有可能面临死亡的危险。人类之所以能够一直繁衍下来，是因为人类对危险的预测、对痛苦的敏感和厌恶的本能已经在历尽艰难险阻的过程中变得异常发达。只是这种对于危险的预测功能过于发达了，即使是在现代社会，基本上处于和平安定的环境中，人类还是会在很多不必要的地方不断发现让自己"厌恶"的人和事。我们不停地为一些人和事生气、愤怒、叹息，即便我们明明知道这些负面情绪对自身是有害的。相反地，对于生命的维持看起来很有帮助的人和事，我们会本能地表现出"喜欢"，愿意去接近，在行动上表现出很想得到的意图。

可以说，动物就是这样：遇到讨厌的人和事就要么斗争，要么逃避；遇到喜欢的人和事就会迎面而上。这是动物的生存本能，对于生命的维持是有益的。

这些本能在人类身上同样表现得很强烈。在这种本能的命令下，作为一种表现形式，任何一个人都会在集团和组织中，习惯性地在潜意识中把周围的人分为喜欢和不喜欢两种。即使不是极端地爱憎分明，也会对一部分可能对自己有利的人莫名其妙地抱有模糊的好感，而对另一部分可能对自己存在潜在威胁和危害的人，则会表现出自己都说不清楚的厌恶。

我们要认识到在我们人类的潜意识中，存在这种本能的心灵反应。这种认知是非常重要的。仅仅是认识到这种本能，就可以相对减弱这种本能对于我们言行的支配力。

无法保持平常心是因为"支配欲"的存在

　　能让我们"喜欢"的对象虽然有很多,但其中总会有一种比较麻烦而又很强势的力量存在。希望自己站得比别人更高,希望一切都能够按照自己所说的去做,这就是"支配欲"。和别人说话时,希望自己能以一种居高临下的口吻,希望自己能够展示出比对方更有能耐的一面,估计每个人都有过类似的想法吧。这种欲望未必表现出想直接在嘴皮子上说过对方那么明显。真诚地聆听对方的话,想提出一些真心为对方着想的建议,而这些时候,其实还是带点自我陶醉的。"能给对方提建议的我还是很有能耐的。"也就是说,虽然表面上是为对方着想、给对方提建议,但内心深处其实是想确认自己的能力确实在对方之上,并很享受这种感觉。更进一步地说,似乎还潜藏着一种希望通过向对方提建议的方式来让对方能够因此而感谢自己的心理。

这种心理，每个人多多少少都会有，其根源还是在于对对方有一种难以克制的"支配欲"。确认自己比对方站得高、看得远，希望对方能够按照自己的想法去行动、去改变，可以说这就是"支配欲"的本质。

针对这个"支配欲"，再做进一步的深入思考，我们会发现实际上真正的根源在于一种类似幼儿期的自爱心理。也就是说，我们每个成年人也都"渴望被爱""渴望大家都来爱自己"。

之所以会这么说，是因为虽然支配欲有各种各样的存在形式，但感觉最爽的还是自己什么都没有做，大家就能对自己表现出无比的尊重。正因如此，所以才会小心翼翼地注意自己的言行，主动聆听对方的心声，其实无非是想让对方先按照自己的想法去做而已。当我们深入地挖掘这种行为的深层心理，就会发现，越是希望大家都能为自己服务，就意味着越是渴望被爱。

"我希望不需要我动嘴皮子，对方就能明白我的意图。"

"我希望不需要我动嘴皮子，对方就能照我的意图去做。"

"我希望我的所思所想不需要说出来，对方就能看透并做出相应的处置。"

这种不存在任何不满，希望周围的人都能以自己为中心，关注自己并自然而然地为自己服务的状态，就是"支配欲"达到顶峰的状态，这种感觉的确很爽。

学校的老师，自然会得到学生们的尊敬。有的老师只是说一句"请安静"，教室里立马就会变得鸦雀无声，有的甚至都没必要开口说"请安静"，一旦准备开始讲课，学生们就会洗耳恭听。而且，大部分学生会对自己的老师很感恩。

不过，也有的老师，总是对着学生怒吼，可是教室里依然一片聒噪。想要支配学生，想要展示自己作为教室的支配者最威严的一面，想要得到来自学生们的尊重，却偏偏难以实现，所以这些老师总是处于气急败坏的状态。

通过这些例子，当我们仔细揣摩所谓"支配欲"时会发现，我们越是希望"大家都能重视自己"，越是希望"大家都能看着自己的脸色行动"，就越说明我们正处于一种自恋的状态。换个说法，我们正是通过这些方式来满足自己的"自尊心",并从中得到快乐的。

这种欲望比较麻烦的一点在于,"希望自己不动声色,对方就能察言观色地按照自己的意图行事"。这种想法一旦过于强烈,就容易变得不愿意开口做任何说明,总是想让人去猜。"自己嘴上不说,却希望对方能主动约见自己",抱有这种想法的人,不会直接问"怎么还不主动约我",取而代之的是大发脾气:"为什么你总是这么忙?"有的上司,希望自己都不用动嘴皮子,下属就能按照自己的意图去工作。表现在行动上,他会质问下属"为什么你连这点常识都不懂?",甚至故意刁难下属。每个人都会在潜意识中,希望周围的人能够"无条件地爱自己",能够"主动通过察言观色来猜透自己的意图"。我觉得就是因为人们在不知不觉中,对周围的人抱有太多的期待,才会导致语言和沟通上的各种不顺畅。而事实上,对方一般都很难理解这些想法,所以在大部分的场合中,人们对周围人的期待是无法得到满足的。

人毕竟只是人,谁也不是神,不可能爱一个人爱到不需要说话就能交流的程度,也不可能做到仅仅靠察言观色就能完全明白对方意图的程度。所以,这种"渴望无条件地被爱"的自尊心注定是要绝望的,注定是不可能实现的。而既然是不可能实现的,却非要渴望得到,自然会因为得不到而陷入焦急狂躁,这就是我们总是会为人际关系所累的原因。

一旦渴望无条件地被爱,不断地追求"全能感"和"完美",我们反而会变得更加寂寞,更加无助。为了逃避这些感情,我们会愤怒,会变得更加痛苦。

公司就是一个"支配"和"被支配"的世界

这种"支配欲"和"渴望无条件地被爱的自尊心",在公司或者类似的组织机构里,悄悄地以一种隐蔽的形式表现出来。即使是在民主主义国家,公司这样的组织结构也未必能完全民主地运转。

民主主义世界原则上是一个由多数人决定的世界,而多数决定在公司里是行不通的。无论部下怎么反对,一旦上司决定要做,那就必须推进下去。上司支配部下,部下被上司支配,公司就是这样一个只存在"支配"和"被支配"关系的世界。

上司的"支配领域"要比部下广,并且随着科长、部长、董事,级别一级一级地往上升,所能够支配的领域也变得越来越广。而支配领域最广的无非就是社长、总经理了。公司这样的组织,某种意义上是对"支配欲"持肯定态度的。对于优秀的人才,会授予更广泛的支配领域。因为这是公认的提升公司业绩，实现利益最大化最合理的方法。

公司还要努力成为某个市场领域的支配者。因为这是一个每个人都在努力奋斗的竞争社会。一旦失败，公司就会破产，被别的公司收购，也就是说，只能被别的公司支配。

为了在市场竞争中赢得胜利，公司内部也会导入竞争，该把支配权授予谁，公司由谁来支配才能顺利发展下去，类似的试探每天都在进行。

这是以竞争原理为轴心的资本主义社会的做法。"要成为有能力拥有支配权的优秀人才""要证明自己比周围的同事都优秀"，在公司里工作的大多数人，在所从事的领域里，都在理所当然地接受这样的教诲，并以此为目标而努力工作。因为大多数人在公司这样的组织机构里经历了长年的历练之后，其"支配欲"得到了肯定，甚至获得了奖励。因此，稍不留神，"支配欲"就会在不知不觉中逐步膨胀。

作为上司的你，为什么会被部下搞得烦躁不安

资本主义社会中的支配竞争，已经发展到了这种程度。接下来让我们一起来探讨一下，为什么在公司这样的组织机构里，我们会被各种人际关系所累，以致每时每刻都烦躁不安？

举个例子，比如说，你是一个拥有五六名部下的上司。这个时候，正如前面所论述的，根据"作为动物的本能"，我们会在潜意识中把部下区分成"喜欢的人""厌恶的人""很听话的部下""有点可爱的部下""总是觉得不太好用的部下"，等等。虽然我们不一定会在语言上攻击我们比较厌恶的部下，但当我们窥视自己的内心时，还是会发现我们确实在潜意识中对自己的部下进行了不同的区分。

因为公司是一个"通过工作来获取成果"的地方，所以上司会对部下抱有各种各样的期待，"希望能承担起

这方面的工作""希望能发挥这样的作用",等等。而期待的程度,也就是"期待值"会根据上司的想法时而严格,时而又显得较为宽松。但根据上司自身的期待值来对部下做区分对待,这点的确是共通的。在公司内部,上司会对部下做"评价"和"鉴定",并根据评价结果决定是否给予升迁和加薪,这也是上司的职责之所在。

比如说,部下中的五个人,对于上司的期待值,各自达到的程度如下:

A. 满足了百分之九十的期待值

B. 满足了百分之八十的期待值

C. 满足了百分之六十的期待值

D. 满足了百分之五十的期待值

E. 满足了百分之四十的期待值

这个时候,一切基于"期待值"的评价会直接影响到上司对部下或"喜欢"或"厌恶"的感情。对于满足了百分之九十期待值的 A,自然也给上司自身的工作带来了莫大的帮助。反之,对于只满足了百分之四十期待值的E，则在工作中拖了上司的后腿。所以虽然言行上没有表现出来，但上司在潜意识中已经形成喜欢A、讨厌E的感情。

不过，这种"喜欢"和"厌恶"不是建立在绝对的基准之上的，而是相对的。比如说，如果部下A和E出现了调动或辞职的情况，上司接下来可能就会喜欢B，讨厌D。在一个组织机构中，总是会存在这种"喜欢"和"厌恶"的感情，这是基于动物本能的正常表现。

在商业世界里，经常会提到"2∶6∶2的法则"，表现在一个组织中，那就是说，"要有两成优秀的人，六成普通的人，两成不行的人"。人的"喜欢"和"厌恶"大致上也是按照这一法则来划分的："身边有两成的人是喜欢的，六成的人属于既不喜欢也不讨厌的，剩下两成则是讨厌的人。"大多数时候，我们在潜意识中就是这么划分的。所以无论如何，身边注定会存在我们"讨厌"的人。

即使"介入"也无法改变的部下，让上司感觉很受伤

有些组织机构不像公司那样存在"支配"和"被支配"的关系。比如说，公寓的管理机构、学校的PTA（家长委员会），等等。在这样的组织机构中，很多时候，人际关系也就停留在仅仅是"喜欢"或"厌恶"一个人而已。而上司是不会就此罢休的。对于没能达到自身期待值的部下，有的上司会"介入"，希望通过自己的指导来"改变"部下的工作方法和态度。

比如说，对于总是业绩平平的销售人员，上司会希望进行彻底的指导来提升业绩，有的上司甚至会介入更加个人的领域。有的上司觉得部下穿得过于招摇，他就会在职业装的穿着上进行系统指导。而有的上司喜欢有朝气、有活力的职场环境，他就会斥责一些打招呼声音很小的部下。

所谓职场，就是指在"自己可支配的领域"中，对于自己不喜欢、不中意的人和事，会介入、干涉，并希望其能有所改变。

公司就是一个以"支配"和"被支配"为原则的世界。对于上司的介入，部下表面上必须做到洗耳恭听、点头称是，即便是心里嘀咕："有这个必要吗？"但要向上司提意见可不是那么简单的，毕竟最终还是必须服从上司的意志。而上司正是通过让部下点头称是，让部下服从自己，以此来满足自身的支配欲。在确认自身支配力的过程中，取悦自己的自尊心。

不过，并不是说只要上司介入了，部下马上就会有所改变。更普遍的情况是很难马上得到改变。那些总是业绩平平的部下，很难做到在某天忽然成为金牌销售。而那些性格内向、说话声音小的人，也很难一下子变得精神抖擞。

当上司看到即便是自己亲自介入了，部下依然没有任何改变时，自然会感到非常生气，对部下的厌恶程度会比介入前更深。那是因为，当他看到有人不会因为自己的介入而有所改变时，会觉得"自己没有能力通过命令来改变一些部下"，于是，他认识到了自身的"无力"

和"无能",自尊心因此而受到打击。

当遇到依旧我行我素不做任何改变的部下时,上司本该做的是,承认自己的无力,并且必须真心真意地去考虑到底该怎么做才能让部下有所改变。之所以会自尊心受伤,正是因为自以为只要自己下命令了,部下就应该向自己表示敬意并马上做出改变。如果上司自身能够意识到自己有过类似傲慢甚至狂妄的想法,并加以防备就好了。

如此这般,用平常心来接受现实,并尽量把精力放在筹划下一步上,对自身工作的推进也是有好处的。如果一个上司一味地放任自己的情绪怒斥部下,部下不仅不会有所改变,还会一蹶不振、自甘堕落,甚至反过来开始记恨上司,以至于无法专注于自身工作的展开。

不过,还是会有些人无法接受自身的无力感,为了逃避直面自身的无能,甚至会对部下进行攻击,希望能在攻击的过程中获得"压制对方、欺负对方"的成就感。这样的上司会把怒火全部释放到让自己认识到自身的无能、让自己的自尊心大受伤害的部下身上。他们只想通过这种方式来宣告"我不是无能的"。

正因如此，作为站在上司，甚至是经营决策层立场上的人，作为拥有支配权的人，需要有一定的人格魅力和良好品德。作为部下，只要乖乖听话就好，这是任何人都可以轻易做到的。而一旦有了支配权，有的人会变得任性，变得颐指气使，可以说，权力会让一个人的本性暴露无遗。

作为一个支配者，必然会存在自尊心无限膨胀的危险。地位越高，权力越大，能给他们提意见的人就会越少。这就是"高处不胜寒"。希望每一个站在权力顶峰的人都能明白这一点。

作为部下的你，该如何应对上司的支配

换个角度来看，作为部下，又是因为什么而对上司抱有不满，以至于在人际关系上感到疲惫呢？从被支配的立场来看，原则上来说，忍耐是必须的，这点不可否认。因为只要是隶属于这个组织的人，最终都必须服从上司的命令。

只是，部下之所以会抱有不满，还是和"自尊心"有关，自尊心会加深不满的感觉。

比如说，有的部下在潜意识中"希望上司只会对我一个人给予特别的照顾"，甚至沉浸在类似的自我陶醉中。于是，他就会希望上司能对自己区别对待，给予自己特殊的关怀和照顾。这种部下希望通过这样的形式来取悦自己的自尊心。

就像幼小的孩子想要独占父母的爱，以至于兄弟之间互相争夺（这种争夺不仅仅局限于幼小的孩子，有的

时候还会伴随着成长一直持续下去）。与此类似，有的部下会希望唯一的上司能够把自己当作特别的存在来对待。可能这只是潜意识上的欲求，但很多时候，这种渴望获得专宠的欲求不是简单就能得到满足的。正如前面所论述的，一般来说，大部分人在别人眼里是"谈不上喜欢也谈不上讨厌"的，所以能够赢得上司喜欢的部下只是非常少的一部分。而越是管理有方的上司，越不会表现出对某个部下的专宠。

部下的这种"自尊心"一旦膨胀，就会陷入巨大的痛苦中。我听一个认识的人说过这样一个故事。在一家公司里，有位女员工深受上司的宠爱。她不仅是这个部门唯一的女性，而且上司对她非常好。其他男性员工对她稍有冒犯，就会遭到上司的斥责。那位女员工在工作上所犯的错误都不会遭到上司的责怪。只要她稍加努力，上司就会大加赞赏。

于是，原本就非常努力的她在上司频繁的赞赏中，其干劲不断地被激发，在工作上取得了很多成果。而与此同时，她那颗"渴望被宠爱""渴望得到特殊待遇"的"自尊心"也在不断地膨胀。

终于有这么一天,她的上司要调到别的部门去了,她所在的部门来了一位新的上司。这位新上司对待部下不问男女,一律平等,不管谁犯了错误都要遭受严厉的批评,而如果做得好,就能得到赞赏。

周围的员工都觉得这位新上司非常正直、非常称职。但这位新上司的做法,却深深刺痛了这位女员工迄今为止已经无比膨胀的自尊心。很长一段时间内,这位女员工身心都出现了失调,以至于无法正常上班。

从这个事例中可以看出,"自尊心"过度膨胀,结果只会让自己更加痛苦。

只想不让自己吃亏的想法

部下"只想让自己受到特别优待"的想法在另一方面会对"于自己不利的不公平待遇"表现得特别敏感。"只有自己吃亏那是绝对无法接受的",类似的想法会特别强烈。

比起其他同事,唯独我的工作量最多;交给我的尽是些枯燥麻烦的工作;凡是没什么价值的工作都扔给我了;我就是被当作打杂的来对待……诸如此类,总是抱着只有自己最吃亏的想法,总是觉得到处都存在不公平,结果越想越生气,以至于让自己的自尊心大受伤害。"如此重要的自己(=自尊心),却受到如此不公平的待遇,这太让人伤心了。这绝不能接受!"——就是这种感受。

不过,只要站在上司的立场上来看,就能很容易想明白,日常进行中的工作要想完全平等地分给部下,那是不可能的。并且,上司的终极目标是把握部下各自不同的能力水平,并把合适的工作分配给合适的人,从而提升整个组织的工作表现和成果。上司的目标绝不是把工作完全公平地分给部下。

当然，如果团队里的不公平感和不满过度累积的话，也会影响工作上的表现。所以，一般当上司的都会在一定程度上稍加费心，尽量均衡地安排部下的工作量。但这只是一定程度上必要的费心而已，达到目的就足够了。

而作为部下，如果总是和同事们比较，总觉得"不能老让我一个人吃亏""不能老是只折磨我一个人"，这种意识一旦过于强烈，就会伤害自己的自尊心，导致自己对自己与上司之间的关系抱有强烈的不满，甚至会为此而感到身心俱疲。

"不能老让我一个人吃亏"的想法再进一步发展下去，有的人就会形成这样的想法，"自己和周围的人相比，显得特别地不幸，特别地不走运"。于是这些人就会长期处于郁郁寡欢的状态。这种类型，就是在消极方面觉得自己很特别的"自尊心"，有时反而会被拥有很强支配欲的"自尊心"的人鄙视。一旦遭到上司的厌恶和攻击，他们就会越来越觉得唯独自己倒霉至极。

人的"自尊心"有各种各样的存在形式。

即便在消极方面并不觉得自己特别倒霉,但当自己无法达到上司的期待值,受到上司严厉的批评时,很多人的"自尊心"还是会受伤。虽然未必每个人都觉得自己很特别,但没有人会觉得唯独自己特别不行。因此,在工作上遭到上司的斥骂会特别伤"自尊"。

综上所述,要想处理好部下与上司之间的人际关系,要想在职场上保持一颗平常心,其中的一大要诀就是"不较劲"。不公平的待遇也好,不合理的命令也罢,包括被上司说教甚至斥责的时候——你要认识到所有这一切都是因为你领着这份薪水。一个人要想兢兢业业地工作,努力出成果,没有一点烦心事是不可能的。在"支配"与"被支配"的关系中,总是会存在不合理和讨厌的工作。你领这份薪水,就必须承受这一切,所以只能接受事实。

如果你非要较劲,和这些不合理过不去,你只会不断地让自己的自尊心受伤,结果只能身陷痛苦的泥淖而无法自拔。在职场上,就是要抛掉不必要的"自尊",不与一切不合理、不公平较劲,把一切都看淡,只把注意力集中到眼前的工作上去就好了。

上司对部下的期待内容和期待值的高低,是因人而异的。

有的上司只要给他提供数据就可以了,而有的上司对部下的性格是否开朗,是否充满朝气、富有活力都有很高的要求。还有的上司会过度地要求部下不断地对自己表示出赞赏。

你要接受这样的事实,接受上司的支配本身就是工作的一部分。要尽可能地在可以做到的范围内用心去实现上司对自己的那份期待。如果因为没有实现上司的期待而遭到了斥责,也不要一味地让自己的自尊心受伤,而是找出自己没做好的地方继续努力就好了。

有这样一种说法,"父母和上司是不能选择的",确实如此。正是因为没法选择,所以只能接受。尤其在职场中,"支配"与"被支配"的关系是无法改变的。接受那些不公平与不合理,就是如何用一颗平常心来尽量缓解自己的压力,在职场中生存下去的秘诀。

从本质上来说,学校教育和媒体信息都在给我们灌输"人人平等"的观念,我们从小到大都被这样洗脑。而实际上,这个世界充满了各种不合理。我觉得我们之所以接受不了现实,和我们一直被灌输的平等观有关。要想在这样的现实生活中生存下去,必须摆脱类似的"洗脑",直面不平等的现实,这才是最关键的。

某种程度上，人必须选择环境

不管怎么说，总是会有一些极其傲慢自负的人成为上司。

比如说，我所知道的某家公司，老板肆意欺负员工，甚至动用暴力。基本上每隔不到半年，就会有多半员工选择辞职。不过，虽然有很多人辞职，但每年还是会雇用很多新员工。经常会听人说，长年在报纸上刊登招聘广告的公司，很可能就是对待员工比较粗暴，所以员工才会没有归属感和安全感，人员流动比较频繁。

还有的上司，尽管迄今为止已经有好几个部下在其重压下得了抑郁症，甚至被迫辞职，但他自己却毫不介意，继续一味地追逐所谓的业绩。

为什么这样的上司会连部下都已经被逼出病来了还不引起注意呢？那是因为他不觉得是自己过高的自尊心导致部下积劳成疾，他甚至因此而沾沾自喜。"不能达到自己期待值的部下即使倒下了、辞职了也无所谓""越是能摧毁别人的心灵，越是说明自己有能力对别人行使支配权"。抱着类似想法的上司，看到部下病了、辞职了，他会觉得那是因为自己的支配方式得到了彻底的贯彻，他再次确认自己的支配力是如此强大，所以他还会为此而感到欣喜不已。

类似这样的，拥有病态的支配欲并且还在不断膨胀的上司，很遗憾，在公司内部总是会存在一些。公司对于管理职位，要求的是工作的"成果（利润）"，只要能看到成果，具体的支配（管理）方式是不会细究的，这就是公司这一组织机构的本质。谈到企业管理，很多公司对于管理层的要求就是，只要能出成果，其他小问题都可以睁一只眼闭一只眼。

如果自己必须在这样的公司和上司下面工作，就有必要考虑向公司申请调动或者考虑跳槽。

虽然说在公司里面工作，忍耐是最关键的，但一个人在自己能力所及的范围内，还是必须选择人际关系所处的环境，尽量逃避或者远离那些拥有病态自尊心的人也是一种选择。如果过于苛刻的工作量和激烈的人格攻击一直在持续,那就必须做出改变环境的努力。

不过,出于这些原因而不断跳槽的人,表面上看似乎是因为上司和周围人有点过分,但实际上,很多时候是由其自身的自尊心过于膨胀而造成的。所以,认真审视自己的自尊心才是最重要的。可以像第一章中所论述的,请经常用心地对自己的心灵进行监测。

自尊心强，特别喜欢攀比的人，是活得最痛苦的

自尊心特别强，喜欢攀比的人，实际上是活得最痛苦的一群人，不管其中的痛苦其本人是否有所察觉。

因为自尊心强的人，往往会陷入下面这样的恶性循环中：

·自尊心强＝支配欲强＝对周围的要求高

→

·不过，高要求往往无法得到满足

→

……

生气是因为看不到自己的"无能"，或者说总是会忘记自己的能力界限之所在。

当感觉到自己的"无能"时，不改变自己对待周遭

的态度，也不调整自身的自尊心，对待自己已经采取措施却依然无法改变的事情，甚至进行进一步的攻击，提出更高的要求（以此作为其伤害自身自尊心的惩罚）。

→

·这样的要求，自然更加难以得到满足。

→

·于是无能感进一步加深。为了掩盖这一切，就会更加生气，大发雷霆。

→

……

这正是一种相当于被地狱之火包围，完全自作自受的心理状态。自尊心特别强的人，原本应该是对自身的痛苦和无能深有感触的，可是当发脾气成为家常便饭，成为一种坏习惯之后，他们不仅觉察不到自身的无力感，甚至会在愤怒的那一瞬间陷入一种幻觉，误以为自己充满了无穷的力量，并在愤怒的发泄中获得抚慰。

自尊心膨胀到如此程度的人，根本就无法改变周围的人。如果他能改变身边的人，那他一定已经意识到了自身的痛苦之所在，这点只能靠自身感悟，别人是无能为力的。

我身边当然也有很多人在我看来"自尊心过于强大，不好相处"。和这些人在一起，我往往会觉得很难保持一颗平常心，内心很容易陷入一种混乱状态。对于这种人，我一般会尽量保持距离，敬而远之。

另外，还有一种缓解相处时尴尬状态的方法,就是"慈悲的冥想"。想象一下眼前这个人的自尊心，试图去理解这个人的痛苦，通过这样的冥想，慢慢地就可以缓解相处时的尴尬，越来越能以一颗平常心去面对这些人，并与之交往。

因为那些自尊心很强的人，往往是始终渴求被爱，结果反而成了被讨厌、被回避的人，所以只要能用一颗平常心去接近他们，对其身上的攻击性多多少少还是能起到一定的缓解作用。只要能摆脱自身的无力感，积极地去尝试着接受对方，就能在一定程度上缓解对方的攻击性。

迎合对方自尊心的行为，会更加提升对方的自尊心

不过，接受对方的一切，包括对方高高在上的自尊心，这点与试图通过迎合对方的自尊心来保证与对方和谐相处的做法是完全不同的。所谓的迎合对方的自尊心，举个例子，比如说一些口是心非的话来掩盖真相：

"谢谢您的批评。"
"正如您所言。"
"多亏了您的帮助。"

这些话，如果是真心所想，那就没有任何问题。如果是带着伪装的笑容，违心地重复这些措辞，结果注定要付出更高的代价。

因为一旦语言和心灵之间存在分裂，就会产生各种纠葛。当自身充满了各种矛盾冲突，隐形的压力就会日

积月累。一直不断地说一些违心的话，就会不知不觉中在心灵中留下阴影，不仅损害自身，还会让自己做出各种不自然的行为。类似的心灵分裂和纠葛一旦过度发展，也会形成一种心病。如果你想只凭三寸不烂之舌在世间混，以为"只是嘴上说说而已，没什么的"，反而会付出更加高昂的代价。有时候，看似毫无价值的"三言两语"，其价值可能赛过一切。

当我们把目光转向生意场上时，到处可见各种迎合对方自尊心的阿谀奉承。所谓"营业"的本质就是迎合对方的自尊心。有很多人在潜意识的作用下总是说一些违心的话，连自己都没有觉察到。

比如说，接待拥有决定权的部长，希望对方能采购自己公司提供的商品。类似的笼络和被笼络的关系确实随处可见。

为什么会有那么多人被笼络？因为接待的场合是唯一能够满足当事人自尊心的场合。接受接待的时候，"渴望被关注""渴望被爱"的支配欲能够在愉悦的氛围中得到最好的满足。

在公司里，部下不会仰慕自己到这个地步；在家里，妻儿也不会如此敬重自己。自己无须付出任何代价，就能在各种被接待的场合吃好的、喝好的，还能听到无数赞美之词。对于这样的人来说，受到如此隆重的接待，其实正是因为其所处的地位，所拥有的决定权，其自尊和地位是同在的。

接待工作做得好，一般的人都会被成功笼络。可以说被接待的时候，往往是自尊心最具魔力的时候。

可能很多人觉得只要工作开展得好，接受一些接待也没什么大不了的。但实际上，很多时候当我们接受了这种接待，就很容易被笼络，最终无法做出有利于自己公司的最佳选择。尽管有很多更加价廉物美的商品，但因为接受了过多的接待和笼络，最终只能从特定的公司采购特定的商品，这其实就是在损害自己公司的利益。

而笼络一方也有问题——利用对方的自尊自负心理，达到误导对方判断的目的。如果自己公司的商品真的最棒的话，那就诚心诚意地去推进工作好了，对方终归是会采购自家商品的。而之所以采用笼络的手段去误导对方采购自家商品，正是因为对自家的商品没有足够的自信，或者说不会用正当的诚信经营的手段去推进工作。

类似的交易手段，一旦对方的负责人换了，采购关系可能很快就会被切断。

与其在这些方面花费时间和金钱，还不如好好改良自家的商品，推出真正了不起的商品，并采用诚实正当的手段去推销，只有这样才能构筑牢固的信赖关系。从长远发展来看，这样做反而更有益。

也就是说，利用对方自尊自负的心理推销商品的行为，双方的心灵都会受到侵蚀。从长远发展来看，无论是对笼络的一方，还是对被笼络的一方，都是利少弊多。

这种笼络和被笼络的关系在男女关系中也同样存在。比如说，为了让喜欢的对象选择自己，故意不断地给对方戴高帽子、送很贵重的礼物，这其实就是在利用对方的自尊自负心理来误导对方做出不合理的判断。

由此开始的男女交往，往往不会长久。被笼络的一方经过一段时间，自然是会恢复冷静的判断。而笼络的一方也很难做到一直像最初那样成天围着自己的心上人转，甜言蜜语不离口。

所谓强扭的瓜不甜，无论是工作还是恋爱，不自然的事情终归是无法长久持续的。

追求与自己不相符的成功，所以才会觉得累

　　这世上之所以到处都存在自高、自大、自负的人，之所以会有如此多阿谀奉承的场面存在，就是因为在自尊心的作用下，人们会渴望得到与自身资历不相符的东西，渴望获取与自身付出不相符的成功。

　　想要得到与自己的薪金不相符的金钱，想要得到与自身付出不相符的成功，想要和自己配不上的梦中情人交往，于是，每天都在踮着脚尖过日子，无视真正的自己。为此，不惜阿谀奉承，不惜口是心非。如此一来，即使收获了名利和物质上的成功，也无法真正收获心灵的幸福。为了维持那些依靠各种虚伪手段获得的地位、收入和人际关系，不得不继续伪装到底，以至于精神上压力很大。

　　正如前文所述，强扭的瓜不甜，不自然的状态是无法长久保持的。在这种状态下，人的平常心同样也很难

感受到安稳和幸福。

如今这世道，到处都在宣扬功成名就。去书店看看，各种成功人士的自传、各种成功指南类的书籍比比皆是。电视里成天播放的都是富人们锦衣玉食的生活。自古以来就有的建功立业的思想观念，再加上网络时代媒体高度发达，各种关于成功的信息每天都充斥着我们的生活，刺激着我们的感官，于是，对成功的向往和憧憬几乎深入每个人的内心。

在这些信息的刺激下，每个人在年轻的时候都梦想着一夜成名，一夜暴富，做着各种与自己的能力、付出和资历完全不相符的成功梦。每个人都觉得实现出人头地的梦想才是来到人世间最大的意义之所在。

其实只要抛掉这些不现实的幻想，收起自己狂妄的自尊心，真诚地面对生活，每个人都可以获得属于自己的成功。如果每个人都奢望着建成一番自身能力所达不到的功业，那么大部分的人都只能在唉声叹气中抱憾终身。

不要老是用奉承的手段去打造那些虚伪不自然的人际关系。朋友可以不多，但一定要用真情实感去维系，这样才能构筑真正的信赖关系，才能让其成为真正的人生财富。如此扎扎实实、一步一步地积累自己的人脉，必定能收获属于自己的成功。可以说，这才是轻松、平静、安定的"平常心的幸福"。

在本章中，我们看到了，追求无条件地被爱的人，反而会更容易感到寂寞孤独，更容易加深无力感，而愤怒正是逃避这种状态的一种手段。由于愤怒，这些人一步步地把自己推入痛苦的深渊，以至于无法自拔。

在人际关系中，只有彻底摆脱自尊自负的心理和想要支配他人的控制欲，才能收获基于平常心的内心的平和与安宁。

当我们总是为人际关系所累，经常感到愤愤不平，失去平常心的时候，请注意经常监测一下内心的支配欲是否已经过度膨胀。当我们意识到自己的支配欲时，即便我们无法彻底摆脱自己的支配欲，但仅仅是做到控制自己的支配欲，就可以在很大程度上恢复我们的平常心。摆脱想要控制他人的欲望，接受身边每个人都是独立存在的事实，可以说，这就是用平常心对待人际关系的秘诀之所在。

本章小结

注意自己的支配欲

痛苦是因为渴望"无条件被爱"的欲求无法得到满足

接受对方的全部

彻底摆脱想要改变对方的支配欲,你就一下子变轻松了

告诉自己实际上这个世界充满了各种不合理,

学会直面不平等的现实

第三章

关于"喜怒哀乐",佛陀是如何教诲我们的
——佛道式的情感控制

"喜怒哀乐"到底是好事还是坏事

在本章中，我们将进一步探讨，乍一看起来似乎是站在平常心对立面的"喜怒哀乐"。经常会有人问我，在佛教中是如何阐释"喜怒哀乐"的？"喜怒哀乐"到底是好事还是坏事？"喜怒哀乐"可不是如此简单地用"好事""坏事"等词就能黑白分明地讲清楚的。

这是为什么呢？为了详尽地说明其中的奥妙，让我们先来重新审视一下"喜""怒""哀""乐"这四种心理状态。

"喜"与"乐"都是一种积极正面、愉悦的状态："喜"是高兴、兴奋的感觉，"乐"是一种比"喜"还要更放松、更安宁的状态。如果说"喜"是一种动态的兴奋的话，可以说"乐"就是一种更轻松、更安静、更舒适的状态。无论是"喜"还是"乐"，都可以归结为一种快感的状态。

而"怒"和"哀"都是负面的情感状态："怒"是一

种因为讨厌、反感而产生的愤怒、抗拒的状态;"哀"是一种悲伤的状态,对于已经发生的事情不愿意接受,表现出抗拒的心理。从这个意义上来说,"怒"和"哀"属于同一范畴内的感情,二者都是不快的状态。

・快——喜,乐
・不快——怒,哀

当人们处于喜悦、兴奋的精神状态时,大脑中就会大量释放一种名为多巴胺的神经传递物质。人类的大脑是一种构造非常复杂的机体组织,仅仅用一种神经传递物质做单纯的说明略显鲁莽,但大体上可以用多巴胺来解释快感。

接下来,我们来介绍一下,在什么样的状况下大脑会大量分泌多巴胺。人类也是一种动物,从动物的角度来看,一般什么时候会感到快感呢?基本上与自身生存息息相关,也就是有利于维持自身生命的时候。比如说,当猛兽发现大量诸如野兔之类的猎物时,就会大量分泌多巴胺。

据说，多巴胺的分泌分为三个阶段：

先是发现猎物时，大脑出现"想吃"这一信息的那一瞬间；下一个阶段就是采取实际行动获取猎物的时候（对于猛兽来说，就是追逐猎物的时候）；而最后一个阶段就是捕获猎物的时候。此时，多巴胺大量释放，快感产生的过程告一段落。

多巴胺的作用在于，当遇到对于自身生存有利、符合自身喜好的事物时，多巴胺可以促进相关的行为。

反之，当遇到不利于自身生存、不符合自身喜好的事物时，包括人类在内的动物，其大脑就会开始释放一种名为去甲肾上腺素的神经传递物质，于是全身进入一种战斗状态，表现出愤怒和抗拒等不快状态。

举个例子，当鸡笼前出现野狗时，鸡就会感到自身生命正在受到威胁，于是马上进入一种非常不快的状态。鸡开始扑棱着翅膀"咯咯"大叫。之后，为了改变这种状态，鸡开始采取行动，或战斗，或逃跑。当鸡笼前出现野狗时，笼子可以带来一种安全感，但同时也会导致其无处逃生。可以想象，当鸡处于这种进退两难的境地时，会是一种多么痛苦的状态。

包括人类在内的动物就是这样,当遇到有利于自身生存的事物时,就会分泌多巴胺;当遇到不利于自身生存的事物时,就会分泌去甲肾上腺素。动物就是这样,在"快"与"不快"的条件反射中生存。

仅凭喜好和厌恶来生存是很难的

关于"乐",我们稍后再做更详尽的说明。我们先来针对"快乐/不快"与"多巴胺/去甲肾上腺素"之间的机制做进一步的说明。

"快乐/不快"换个说法其实就是"喜欢/厌恶"。当人们处于喜欢或厌恶的心理状态时,就会分别分泌出多巴胺和去甲肾上腺素。于是,人和动物一样,都会本能地愿意去接近自己喜欢的事物,而对自己所厌恶或者感觉有危险的事物避而远之;有时为了保护自己的生存利益,甚至会不断地与厌恶的事物和危险的事物做斗争。

因此,在这样的生理机制作用之下,我们会在不知不觉中接近自己喜欢的事物,并想办法弄到手;而对于危险的事物、讨厌的事物,则会避而远之。这是一种理想的生存状态。而遗憾的是,我们不可能总是生活在如此理想的状态中。当我们在潜意识中遵循着这一生理机制时,很多时候我们会发现很多问题。

即使是动物,也未必都能本能地遵循这一生理机制,一直理想地生存下去。比如说像狗这样一种具备一定社会性的动物,很多时候都会突破这一生理法则。我在老家附近的寺庙里养了三只狗,其中两只母狗总是会抢着在我父亲的膝前争宠,没有抢先跳上父亲膝盖的那只母狗每次都会表现出嫉妒心理,不停地发出异常的悲鸣。

从生命构造的角度来看的话,没有抢到膝盖这件事情对于自己的生存来说,应该不至于存在直接的威胁。不过,狗可能会这样想,没有优先宠爱自己,就有可能在饲料等各方面都不会再优先对待自己,于是就会感到不安、感到不愉快,结果就在行动上表现出因嫉妒而悲鸣。

这种悲鸣的行为,谈不上是为了维持自身生存而表现出的本能行动,甚至有可能会因为悲鸣而扫了主人的兴致,反而会对自身的生存构成威胁。

同样,人类也经常会有类似的事情发生。比如说,兄弟姐妹之间互相争夺父母的爱。为了从父母那里得到比其他兄弟姐妹更多的爱,不断地采取各种行动。或者说,兄弟姐妹之间自己稍被怠慢,就会觉得自己受到了不公平的待遇，并为此感到非常不愉快，甚至把气都撒在父母身上，在父母面前不给好脸色看。

这就和前面所举的狗的例子一样。类似的基于嫉妒心理所产生的行动，很少能确保得到父母的爱，反而会更多地导致父母的厌恶以至于更加失宠。

狗也好，子女也好，都会因为一些根本不会威胁到自身生存的小事，过度计较，患得患失，结果反而让自己陷入更加痛苦的状态中。也就是说，仅仅是在快乐和痛苦的生理机制下无意识地生存，是很难过得幸福的。

自卑的烙印会让生存更痛苦

无论是动物还是小孩子、成年人,都一样,总是难免会遇到挫折和打击,成年人因为社会性更强,生活上接触面更广,如果不注意的话更容易遇到各种挫折和打击。

对自身生存有利的,就喜欢;对自身生存不利的,就讨厌。如果一直在潜意识中顺着这样的生理机制发展下去的话,可能在生活的方方面面都会因嫉妒而让自己痛苦不堪。

比如说,对于专业的棒球选手来说,足球选手应该不至于成为嫉妒的对象。不过有些年轻有为的棒球选手会觉得足球选手威胁到了自身的存在感,于是在潜意识里对足球选手充满了愤怒和仇恨。还有演艺界,对于那些出镜率高的明星,有的演员也会觉得这些大红大紫的明星抢了自己的出镜机会,并因此而嫉妒。对于公司职员来说,每当有年轻、富有潜质的新员工进入公司时,老员工也可能会因为觉得自身的存在受到了威胁而产生嫉妒心理。

嫉妒这种情绪本身无疑是痛苦的。当一个人被嫉妒所控制时,很多时候对自己本该会做的事反而容易生疏、怠慢。

于是,快乐和痛苦的生存机制不仅没有对生存有利,反而导致了各种不利。

除了嫉妒,还有"自卑"的问题。比如说,某项工作失败了,在别人面前没能自如地表达好,或者说遭到了上司的指责,等等。这些时候,不快的神经反射就会被激活,人本能地就会恼羞成怒,想要逃离这种状况。这种状况多次反复之后就会变成"自卑"。每当遇到类似的状况,我们的表现就会越来越不尽如人意。

当然,有的时候,如果能从这种尴尬的状况中逃离出来也是可以的。但更多时候,作为一个社会人,还是应该要有所担当,不能总是一逃了之。

还有,很多时候明明自己很喜欢做的事情,就因为一点点小失败、小挫折就在心灵上留下了烙印,喜欢却又不想做,老担心做不好,这是自己和自己过不去。

比如说,喜欢唱歌的人去卡拉OK唱歌,一不小心唱破了音,被大家笑了(或者说自以为被大家笑了),于是,接下来就有可能会发展成明明喜欢唱歌也很会唱歌,但一唱歌就非常紧张,非常在意别人有没有对自己的歌声表现出轻蔑。也就是说,还没有发生任何不愉快,自己就已经对喜欢的事情产生了不愉快的心理阴影。

再举一个例子,棒球场上出了点差错也会带来同样的感受。一个棒球选手因为偶然的一次出错遭到了队友的白眼,接下来就可能会经常在球场上犯错误,打出一些不可思议的乌龙球。对于专业的棒球选手来说,他们是靠打球来谋生的,球场上的得失已经超越了喜欢和厌恶的范畴,扰乱了心思,多余的自卑和担忧必定会影响到防守和攻击的准确性。

如此看来,仅仅是靠快乐与痛苦的生理机制,不仅很难过得幸福,活得洒脱,反而会让我们过得更痛苦。

累积愤怒注定是要遭报应的

当我们因某件事遭遇了失败,在那一瞬间表现得非常激动,觉得"太糟糕啦,这回彻底完蛋啦",去甲肾上腺素的反射就会被激活。于是,每当遇到同样的状况时,同样的神经反射就会自动再现。去甲肾上腺素呈条件反射式地分泌,在诸如"是啊,好痛苦啊""赶快回避""赶快逃吧"之类的指令下,不管自己最初喜欢与否,我们的思绪都会立马陷入一片混乱。

如果任由这种趋势发展,即使没有遇到同样的状况,仅仅是看到或听到类似的信息,我们的心理也会马上被不安与恐惧袭击,去甲肾上腺素自动被激活,身心陷入混乱与痛苦的状况。

举个比较容易懂的例子。一个人被上司严厉呵斥之后,仅仅是远远地看到上司的影子,心就会"扑腾扑腾"地跳,整个人被不愉快和厌恶的情绪所占据。

这种因失败而造成的自卑心理,或者出于某种原因而产生悲伤,不愿意接受事实表现出的抗拒心理等,都和"愤怒"是同样的。

无论是以什么样的形式出现,一旦"愤怒"不断累积,必然要遭到相应的报应。之后在遇到同样的状况时,或者在接触到同类的信息时,所谓的"愤怒"注定会让自己再次陷入曾经的消极负面的精神状态,甚至会让身体承受更多的负担,接收更多负面的反馈。

从这个意义上来说,"愤怒"是一件非常可怕的事情。也正因如此,佛道是严厉主张"戒怒"的。

请留意自己神经的构造

为了避免我们的身体和心灵被去甲肾上腺素控制，我们该怎么办好呢？

虽然说最好的做法是"干脆就不要生气"，但要做到这个境界实在是太难了。任何人都会在某个瞬间对某事某物忽然产生厌恶感，以至于连自己都觉得难以接受。

要回答这个问题，还是先从结论说起吧。当你感到愤怒、感到心理无法平衡时，就学着接受事实吧。即使心绪还在波动，但慢慢地让自己找回心理的平衡才是最重要的。

讲到这里，我们稍微绕点道，返回来思考一下。当我们产生厌恶感，想要逃离危险的状况时，去甲肾上腺素的机制很多时候当然是对我们的生存有好处的。比如说，当我们闻到浓重的烟味时，我们能立马感觉到可能有发生火灾的危险，因此而陷入紧张的状态中，并表现出试图尽快逃离的举动。这些都是对生存有利的（当然比起慌慌张张地逃离，以冷静淡定的心态逃离才是更安全的）。

不过，有的时候，因为去甲肾上腺素的生理机制的作用，生命反而会陷入更危险的境地。比如说，溺水的时候。

一个人在水位相当深的海里，跳入距离海岸二十米左右的地方。即使这个人平常能在泳池里游二十五米一点问题都没有，但到了海里，因为感觉到了生命危险，开始大量分泌去甲肾上腺素，整个人处于高度紧张的状态，慌慌张张的，反而不会游泳了，结果就有可能造成溺水。当时他肯定会想，又没有救生圈，海水看起来又那么深，于是紧张，觉得难以接受，身体中的肌肉因此而变得僵硬，以至于痉挛，不停地抖动。也就是说，他的身体已经变得无法自如地接受大脑的指挥了。

去甲肾上腺素的生理机制，毕竟是一个很宽泛的概念。有的人得益于这一机制，也有的人死于这一机制的弊害。从保护物种的角度来考虑，生物体内的化学物质只要能确保一定数量的生命存活即可。

如此看来,"干脆完全不生气"是很难做到的。去甲肾上腺素的机制有积极的作用,也有消极的作用,那我们该如何现实地去对待呢?

我觉得当我们感到愤怒、感到兴奋时,最重要的是要认识到自己正处于什么样的精神状态。也就是前文中所论述的"心灵的监测"。有清楚的生气、发怒对象时如此,只是感到莫名的不安和烦躁时同样如此。要认识到"自己现在正在受去甲肾上腺素的控制,正陷入一种焦躁不安或者是愤愤不平的负面情绪之中"。

要俯视,或是像飞鸟在空中鸟瞰大地那样,客观地远远地观望自己的神经系统整体,要认识并接受自己的心灵和身体中正在发生的状况。

在刚才所讲述的溺水的例子中,如果能认识到"啊,我又在发神经了""我的内心正在发怒""我之所以会陷入如此紧张的状态,是因为我接受不了在深海里游泳这样的事实",仅仅是意识到这些状况,就可以帮助自己做到自如掌控自己的身体。

换种说法,我们只要能让自己恢复到冷静淡定的状态,就可以应对眼前的混乱状况。

在实际遇到危险状况的时候冷静应对，是需要在平常生活中就做功课，日积月累地去训练的。最重要的就是在日常生活中不断地训练自己，不对愤怒、厌恶的情绪和不安的心态置之不理，认识到自己的心情正被消极的神经反射和大脑指令支配。

有时候我们的情绪会莫名其妙地陷入一种不安或不快中。我们都有类似的体验：当我们怀念过往时，当我们感叹光阴流逝时，我们经常会忽然陷入一种伤感不安的情绪中，甚至因此而感到痛苦。过往经历中，对于特定的人和事，曾经有过的不快会在心里留下阴影。当这种不快感反复出现时，有时即使不存在特定的人和事，我们也会感到不快。这些时候我们就容易陷入莫名的不安。所以，如果我们能做到尽量不让不快感在心里留下痕迹，那么我们也就不会轻易陷入不安了。

在不快的神经系统的作用下，对于实际上尚未发生的事情，我们会预先察觉到危险，或者说有明确的感到不安的对象时，表现出"恐惧"的状态。从动物本能的角度来看，当感觉到恐惧、害怕时，如果能用心行动，对于提高生存概率自然是有好处的，人类也同样如此。

所以，当我们感到莫名的不安时，有时也是因为我们自己预先觉察到了什么，并因此而感到恐惧和痛苦。此时，如果能清楚地认识到"我又在神经系统的作用下感到不安了"，痛苦就会有所缓解。或者，回顾一下过往的经历，"是不是曾经发生的事情情景再现了，因此而预感到恐惧。是不是曾经抗拒过的事情重现了，因此又条件反射式地表现出了抗拒"。这种对过往的回顾、与自我的对话，本身就具备缓解不安和痛苦的作用。

这种自我回忆与问答的方式，将会消除不安带来的痛苦，心态将会逐步恢复到平静的状态。日常生活中，这种"自我认识"的训练和积累非常重要。

我们重申一遍刚刚论述过的结论。当我们感到愤愤不平时，当我们感到惴惴不安时，当我们叹气时，当我们恐惧时，我们都要学会接受。我们要告诉自己："这对于现在的自己来说是自然而然的状态。"如果我们总是能让自己很快恢复到平和不偏激的状态就很好了。"绝对不能生气动怒"，这不是平常心。要温柔地接受正在发怒、正处于恐惧之中的自己。只有先接受现状，才能平静一颗动荡的心，而平常心就存在于这种温柔的接受与调整之中。

到这里为止,关于"快感"与"不快",主要以愤怒这种感情为例,我们分析了控制这一感情的神经系统和去甲肾上腺素的作用。我们的结论是去甲肾上腺素的生理机制并不是完全对我们有利的。接下来,我们再验证一下,如果任由主要与"快感"相关联的多巴胺按照本能发展下去的话,会出现什么样的后果。

多巴胺的生理机制是有效的吗？

都说多巴胺是在有所渴求时，是在工作和学习等场合才会大量分泌出来的。所以，当今社会很多人都对多巴胺抱着肯定的态度。有的人觉得一旦形成了大量分泌多巴胺的条件反射，就可以在工作和学习上出更多成果，甚至有很多脑科学家也发表过类似的观点。那么，事实到底如何呢？

多巴胺是在工作开展顺利，并因此受到褒奖，或获得好的人缘等能感觉到"快感"的时候才会大量分泌的。可以理解为，多巴胺的分泌等同于快乐。当我们想要细细品味快乐，并且希望快乐的感觉能不断重复的时候，想法就已经演变成欲望了。

如果我们在平常的生活中任由这种生理机制按本能发展下去的话，"快感"的状态就会不断重复。有的人可能会想："这不是挺好吗？没有任何问题呀？"确实，当工作上取得成果受到上司褒奖时，每个人都会感到愉悦，收获满足感，并决心在工作上再加一把劲儿，更上一层楼，以获得上司更高的认可。从这个意义上来说，多巴胺对于工作来说，无疑具备促成良性循环的积极作用。

不过，如果一味追求多巴胺的分泌，任由生理机制本能发展下去的话，就很难在平常心的幸福中度过每一天了。

正如之前所论述的，感受到"快感"，也就是"快乐"的时候，必定会产生"惯性"。工作上取得成果受到上司褒奖并感到愉悦，等再次取得成果时，如果上司给予的还是和上次同等的褒奖，分泌的快感物质也还是和上次同等的量，但因为这些信息的接收体已经产生了惯性，就会变得麻木，变得越来越难以满足。结果，神经层面就会想分泌更多的多巴胺，于是整个人就会变得越来越焦躁。心理层面上表现出在内心深处想要获得更多的赞赏，仅仅是和之前同等水平的赞赏，听起来不仅会感到不爽，甚至还会造成压力。

最终，因为没有获得足够的赞赏而感到痛苦、寂寞。原本是为了追求快乐、满足的状态，结果却陷入了不快、不满足的状态。

在人际关系上，越是追求"快感"，越是想要多分泌多巴胺，就越容易陷入这种不满足，甚至寂寞空虚的状态。因为我们的心注定是会产生惯性的。在人际关系上，我们几乎都是在最初的接触阶段觉得对方温柔善良、诚实可靠，而随着交往越来越深，这种好印象就会相应地开始逐渐消退。

我们对于陌生人，根本就不会期待对方能对自己好。两个人相识之后，如果一方善待了另一方，另一方就必定会希望对方能对自己更好一点。

谈恋爱也是一样。刚刚建立恋爱关系开始交往时，如果女方亲自为男方制作了可口的佳肴，男方必定会非常兴奋。"之前的女朋友可没这么贤惠，现在这位能做这么好吃的菜，真是太高兴了。"此时，男方的多巴胺就会大量分泌。可是，如果之后的交往中，男方经常能吃到女朋友亲手做的菜，"惯性"就会产生。他渐渐就会觉得这是理所当然的，也不会再为此觉得欣喜不已了，甚至内心还会开始产生各种不满，希望女友能对自己更加温柔一点。

而精心为男友做菜的女方，最开始可能是很努力、很用心地在为男友做菜。但不可能每次都这么用心、这么费功夫去做，慢慢地，就会用一些简单的菜来应付。

从男方角度来看，最初的"快感"已经产生了"惯性"，男方自然而然地就会觉得女友对自己越来越不温柔了。于是，一颗原本追求"快感"的心，却逐渐陷入了不快的状态中。

再举一个例子。很多时候，职场上新入职的员工都会受到优待。逐渐地，考虑到员工本人的成长，手把手的指导慢慢减少，迄今为止由前辈帮忙做的工作开始必须由本人独立承担。虽然心里都明白为了自身的成长，这些都是必要的，但有的人还是会觉得自己比刚来时失宠了，甚至因此而感到莫名其妙的空虚和寂寞。这就是人。

人与人的交往就是这样，通常刚认识时互相感觉都很好，随着越来越熟，彼此间的良好感觉一般都会慢慢减退。因为我们的心难免会产生惯性，所以，即便别人的善待百分之百奇迹般地维持下来了，我们依旧会感觉不满足，甚至还会较劲别人为什么不再像以前那样对我们那么好了，并为此感到痛苦不堪。

也就是说，多巴胺所带来的"快感",是和"空虚""寂寞""痛苦"这些因不满足而产生的感情密切相关的。多巴胺也就是想要获得的欲求。越是想要获得，越是会觉得不够，于是痛苦注定是难免的。即使最终获得了，也难以达到与之前同等水平的满足感，所以最终还是会陷入痛苦。

因为多巴胺的循环必定会使人疯狂地追求"更多更多"，然后陷入越来越深的痛苦，所以多巴胺只会制造快乐的瘾君子。瘾君子收获的不是幸福，而是永无止境的不满足，其人生的大部分时间都在不满足的痛苦中度过。

快乐主义的现代人,实际上过得很痛苦

当今是一个肯定快乐的时代,认为快感是一件很好的事情。我觉得现代社会中,大部分人都因为追求多巴胺上瘾,反而陷入了痛苦之中。

举个典型的例子,抽烟。烟瘾是尼古丁中毒产生的依赖症。抽烟者在吸烟时,尼古丁的接收体获得了满足,产生了暂时的快感。但是经过一段时间,体内的尼古丁浓度降低了,就会引起尼古丁不足。抽烟者因为尼古丁不足而陷入焦躁不安的痛苦状态,结果就会想通过吸烟从痛苦中解放出来,以再次获取瞬间的快感。

这样的生活,能说得上是快乐的生活吗?抽烟所带来的"快感",实际上是以尼古丁不足所带来的"不快"为前提的,抽烟只不过是在消除"不快"而已。通过抽烟,先给自己带来"不快",再通过抽烟来消除这种"不快",从而获取"快感"。这么一想,我们很容易明白在抽烟这一过程中，实际上"不快"的时间反而更长。

《戒烟治疗》（阿联卡著，阪本章子译）中将这种状况比喻为"抽烟者是香烟的奴隶"。对有烟瘾的人来说，所有的事情都只存在于上一根烟与下一根烟之间。他们没有真正品味过、享受过任何一件事情。即使是在享用美食时，他们内心深处的某个角落，也一直在想着吃完饭后好好抽一根，无法做到真正完全用心地去享受美味佳肴。

如果把抽烟换成快感的话，其中的奥秘可以说是完全相同的。无法停止追求刺激性快感的人，可以说已经成为这一快感的奴隶。无论做什么事，内心都在追求不同的刺激，对快感的渴求使整个人一直处在不满足的状态之中。

不仅仅是抽烟，嗜酒也是很典型的例子。我不喝酒，但日本是一个对饮酒很宽容的国度，喜欢喝酒的人也很多。其实偶尔享受一下饮酒的乐趣也挺好的，但如果是以逃避痛苦、忘掉烦恼为目的酗酒，那就相当危险了。"不想接受现实"的愤怒，可以借助酒精的力量忘掉，但仅限于醉酒的那一瞬间，无法从根儿上解决问题。当醉酒者从醉酒中醒来时，痛苦依旧，甚至还会更加厌恶只会借酒消愁的自己。

为了饮酒时那一瞬间的快乐,之后反而要忍受更长时间的痛苦。然后,为了忘掉这些痛苦,又去饮酒,渐渐地就患上了酒精依赖症。酒精依赖症最后演变为持续的酗酒。原本是为了忘却烦恼而借助酒精,结果却让自己的身心陷入了更深的痛苦,这是多么让人痛心的状况。

还有很多人,虽然其行为方式没有严重到酗酒那个地步,但同样都是为了逃避痛苦而追求瞬间的快感,最后演变成了自我折磨。"暴饮暴食"就是如此。

有很多人在心情不好的时候喜欢大吃一顿,不好的情绪在享受美食的时候似乎能有所缓解。在往嘴里不停地塞食物的时候,确实能给大脑带来一定的快感。这是因为在人类的进化历程中,有相当长时间是处在饥饿状态之下的,所以人体在生理本能上会追求更多的食物。在生存欲望的作用下,能提升卡路里指标的脂肪、糖、蛋白质一旦与舌尖接触,大脑就会分泌多巴胺,产生快感,紧接着大脑就会发出"再多吃些、再多吃些"的指令。

在难以获取食物的年代,可能这样的生理本能对人类的生存是有益的。但在现代社会,食物的获取已经变得非常简单，如果还一味地放任本能的欲望，不断地吃高脂肪、高糖分的食物以获取连续的快感，就容易引起肥胖、糖尿病、暴食症等。也就是说，过度的生存欲望最终反而威胁到了生存。这是多么具有讽刺意义的状况啊。

通过吃而获得的强烈的"快感"，能够让我们暂时忘记现实的压力。正因如此，越是压力大的人，越是容易成为食欲的奴隶。为了逃避压力而暴饮暴食，无法阻止自己不停地吃吃吃，最后只会让自己更痛苦。因为最初是在"吃"的快感刺激下，最后是在"吃太多"的痛苦的刺激下，将自己的注意力从烦恼中转移出来的。这一行为，说白了就是要让"吃"这一过程所带来的快感和痛苦来塞满自己的身心，以取代烦恼。

如此看来，当快乐是和逃避行为联系在一起时，对快乐的追求就变成了一件非常危险的事情。当人们想要逃避痛苦时，为了忘却痛苦，就会追求更强烈的刺激，追求更强烈的快感。于是，快乐和逃避之间就很容易产生必然的联系。

酒、烟，或者是搞笑类节目，还有电影、音乐等，不能说现代人最好要戒掉所有这些能带来快乐的事情，但，我希望大家能多加注意，不要陷入多巴胺的恶性循环。要认识到快乐的危险性，不要成为快乐的奴隶。

"喜欢"只是大脑的错觉

凡是对生存有利的事情所产生的快感,都比较容易和"喜欢"这种感情联系到一起。那么当我们感到"喜欢"时,多巴胺在大脑内分泌的过程,到底是怎样的呢?让我们一起来看一下。

我们先来绕个弯聊点别的。据说有种治疗癫痫病的方法,是将连接左脑和右脑之间的被称为脑梁的神经束切断。医学家们以相关患者为对象,实施过这样的实验。

当然,作为一名非医学人士,我对例子的个别细节做了一些替换。在患者的左侧,右眼看不到,只有左眼才能看到的位置,放了一张卡片,上面写着"可爱的人偶"。众所周知,身体和大脑各自分担的领域刚好是左右相反的,来自被测试者左侧视野的信息会在右脑中留下印象。而因为这一信息通向左脑语言处理部位的通道被切断了,于是,被测试者就完全无法知道卡片上写的是什么。当被问到"卡片上写的是什么字?"时,被测试者的回答肯定是"不知道"。

不过之后,在被测试者的面前,摆上人偶、漫画和收音机等物品,他就会下意识地去拿人偶。至此,我们可以转入正题了。当测试者被问到"知道你为什么只选择了人偶吗?"时,可能会出现下述回答。

"哦,我觉得人偶的发质很有质感,很像真的,所以我觉得很喜欢……"

这里,作为第三方,通过整个过程的观察,就会觉得"其实只是因为卡片上写的内容在潜意识中影响了被测试者,以至于他的大脑中已经形成了人偶很可爱、招人喜欢的主观意识"。

不过对于被测试者本人来说,自己为什么会喜欢上眼前这个人偶是完全不清楚的。而人都是争强好胜的,虽然自己并不明白为什么会喜欢上人偶,但就是不愿意承认,非要找个冠冕堂皇的借口来自圆其说。

当然,找借口并不是说他本人是在有意撒谎。其实他自己也对内心所找到的虚假理由深信不疑,这就是要点之所在。

这一点不仅限于类似的实验。可以说我们对事物做出的"因为○×△，所以喜欢"之类的评价，几乎都是我们自己的内心后来找的借口，而我们自己却对这些谎言深信不疑，最典型的就是陷入爱河。正如"陷入爱河"的"陷入"这个动词所表现的，为什么会喜欢上对方，其实自己都很难说清楚。这一点每个人都会有类似的体验。从生物学角度来讲，当遗传因子上的信息相差较远的一对男女互相结合时，生下来的子孙后代往往会很强。基于此，我们实际上是通过体味等复杂的信息，不知不觉中喜欢上了遗传因子和自己相差较远的对方。我们总是这样，被潜意识中的信息所操纵，这就是我们的现实。

尽管如此，我们的内心却会告诉我们自己，"我喜欢对方的性格""我喜欢对方的眼睛""我们对时尚有着相似的爱好"，等等。我们找了一大堆能找到的理由来说服自己。因为如果没有能够足以说服自己的理由，自己就会觉得难以接受。而实际上，脱离与"自己"相关的东西，所谓的"喜欢"其实是在多巴胺所制造出的快感的作用下，无意识地产生的一种感情。而通常我们是不会有意识地自我感悟到我们的大脑正在分泌快感物质的。

于是，在不了解真相的情况下，我们只能深信那些自己找的虚假的理由，并在这些理由的作用下，追求对方，喜欢到难以自拔。于是就出现了各种依赖症状。说白了，其实陷入爱河和"自己"的各种判断毫无关系，我们只是被潜意识中对快感刺激的追求操纵了。如果能意识到这一点，成见就会消失，各种恋爱中出现的依赖症状也会有所缓解。不是"自己"主动喜欢上了对方，自己只是被动地喜欢上对方。意识到了这一点，就能打破"自我"的错觉，距离"无我"的真理也就更近了一些。

当"自我"的错觉减弱，我们就能从盲目的"喜欢"中解脱出来，平常心也就油然而生了。

人被记忆所诅咒

"快乐"与"不快"的生理系统,是和我们的"记忆"密切联系的。

比如说,当我们吃某种食物时,会有"怎么会有如此美味!"的感叹。有生以来第一次吃到新鲜的草莓时,会感叹世界上原来还有这么好吃的水果,甚至会因此而感动不已。再比如说,我们在一家装修很精致的餐厅里,被一盘用很复杂的做法凉拌的卷心菜刺激到了舌尖上的味蕾,当时可能也会感动不已:"原来卷心菜可以做得这么好吃!"不管吃什么,这种惊艳的程度越高,快感体验在记忆中所留下的烙印就会越深。

于是,我们就会很想再次体验这种"快感",渴望再次品尝如此美味。不过,可悲的是,在渴望重复体验的过程中,从严格意义上来讲,即使第二次美味的强度和第一次完全相同,惊艳的体验也难以复制。仅仅是记住最初的感动，第二次、第三次就会对同样的味道产生"惯性"。快感注定只能达到初次的九成、八成，甚至逐渐降低。因此，我们经常会对眼前的佳肴发出感叹："怎么没有第一次吃时感觉好呢？""味道怎么变啦？"于是，我们又难以满足于眼前的佳肴，开始继续追求新的"快感"。

我们经常会这样，被记忆中有关美味的感动经历所诅咒，导致无法好好地用心享用眼前的美味。

再举一个被"不快"的记忆所诅咒的例子，可能就更容易理解了。自己经历过的非常痛苦的记忆在内心留下了深深的烙印，之后仅仅是遇到能引起这些回忆的事物，就会再次陷入痛苦。

比如说，被朋友背叛，大吵一架后绝交了。这种不愉快的感觉在内心留下了深刻的烙印。一旦有了一次这样的经历，那么之后凡是遇到这个朋友喜欢的书、喜欢的菜，仅仅是看到这些，就会立刻联想到这位曾经背叛自己的朋友。当时那些不愉快的回忆就会条件反射般地涌上心头，整个人因此再次陷入烦躁痛苦的状态中。又比如说，我们到了曾经有过痛苦回忆的地方，或者是与之类似的伤心地，难免再度陷入感伤。还有看到与自己曾经痛恨的人长得相像的人,听到与之相像的声音,都会感到不愉快。

这些都是中了记忆中"不快"的魔咒的状态。所谓的不愉快的信息在大脑里留下烙印后,可以说整个大脑就处于"被洗脑"的状态了。这样的烙印越是深刻,内心的伤痛就越容易陷入病态。

"快乐"与"不快"的生理系统就是具备如此强大的支配力。在这样的生理系统的反复作用下,我们被自己所积累的体验和曾经的记忆所诅咒。人类就是这样的存在。当我们再次审视"喜怒哀乐"这四个字时,我们脑海里所浮现出来的人,都充满了各种痛苦。

"乐"毕竟对身心都是有益的

接下来让我们一起探讨"喜怒哀乐"中最后的那个"乐"字。所谓"乐",就是指紧张感有所缓和,整个人很放松的状态。

我和脑科学家探讨过这方面的问题。脑科学家声称,这种放松状态下所感受到的各种感觉,是无法在记忆中储存蓄积的,是会被渐渐遗忘的。确实如此,"乐"不像"喜"和"怒"那样能给我们带来强烈的刺激,以至于在心中留下深深的烙印;也不会永久留存在记忆中,反复以诅咒的形式搅扰我们的生活。

不过,我想在这里多说一句,虽然我们用了"遗忘"这个词,但并不是说我们的感觉永久地从记忆中完全消失。因为站在冥想者的立场上来说,在我们大脑里复杂的信息处理系统中,也就是所谓的记忆图书馆的深处,我们在人生中所看到的一切,所听到的一切,所闻到的一切，乃至我们的身体所感受到的一切，全部都会留有印记。

更进一步说，我们在人生中所思考过的庞大的信息量，我们全部都记得。所有的一切都留存在记忆的数据库里，分类保存。正因如此，即使我们主观上想要忘记，但只要有一个契机，我们就能马上产生联想，勾起回忆，我们的脑海里瞬间就能昨日再现。

我们之所以说"乐"的状态比较容易被遗忘，是因为"乐"不会像"喜"和"怒"那样，翻来覆去地出现在我们的记忆中，但这并不等同于完全忘却。

我们日积月累所储存的大量的记忆信息，就是佛道中所说的"业力"。这里我们就先不跑题了，还是折回来接着讲"乐"吧。

人在"乐"的精神状态下所感受到的、想到的事情比较容易被忘记，不会留存在记忆里时不时地出现。可以说我们很少会被记忆中"乐"的体验所诅咒。这种"乐"的状态未必非得是在身心完全放松时才会出现，比如对于喜欢跑步的人来说，当他一门心思享受跑步时，只要他当时的心态是放松的,这种状态也可以用"乐"来解释。

"不拘泥、不讲究"是各种"乐"的状态的共通点

说到"乐",每个人都有不同的放松方式和放松状态。但所有"乐"的状态都有一个共通点,那就是"不拘泥于某一点,不讲究这、讲究那的"。所谓"乐"的状态是和非常渴求某个事物,或是非常讨厌某个事物,以至于想要避而远之的状态完全对立的。

痛也好,冷也好,热也好,噪声太大嫌吵也好,在职场中稍微遭到点同事的白眼也好,面对这些状态,我们会本能地接受体内"不快"的指令,马上采取回避行动。此时,之所以感受到快感或不快,是因为过往经验中所看到的、听到的、接触到的信息,会告诉我们眼前这是好事还是坏事。当过往相关的快感与不快的记忆被激活时,大脑内部被称为扁桃体的部位就会开始活动。如果对于大脑发出的"不快"的指令不立即采取回避行动,我们就会保持这种状态并逐渐产生惯性,就会觉得"算

了吧，其实也没什么的。无所谓啦"。此时，大脑就会分泌出一种名为血清素的，可以让心情平静放松的神经传递物质。现阶段脑科学界已经弄明白的是，当血清素的分泌量提升时，与快感或不快的记忆相关的扁桃体活动就会受到抑制。也就是说，还可以这么来解释，当我们采取"算了吧，无所谓"的态度，不再讲究、不再拘泥于某点时，就可以从过去的记忆里解放出来，在一定程度上获得相对的自由。

进入了这样的状态，不知不觉中，疼痛、寒冷、炎热，还有噪声，都不会再让我们感到有多么不愉快。对自己说"算了吧"，尝试着去接受事实，用一种"置之不理"的态度，也无须回避，不快感自然而然地就会消退。然后，这种不愉快的感觉也不会反复重现，时不时地搅扰我们。我们不再那么容易成为扁桃体所产生的记忆的奴隶，不再那么容易被洗脑。我们会把这种感觉储存在记忆里，但不会时时想起，看起来好像遗忘了一样。

当扁桃体的功能被抑制后，我们不再与过去计较，不再老是与过去过不去。"和过去相比，没那么好吃了""感觉很像之前很讨厌的那个人，赶快回避一下"，我们会逐渐从类似的想法中解脱出来，学会单纯地品味"现在"，享受"现在"。

于是，我们不再被过去支配，我们向全新的"现在"敞开心扉，这些心态上的变化，都是"乐"的功劳。说得更透彻一点，当我们全身心地投入，全心全意地享受此时此刻时，就已经进入一种觉醒的状态，大脑就不会再有余地去激活那些过去的回忆，我们就进入了非常"乐"的状态。

在这种"乐"的状态中，我们的记忆的参照受到了抑制，快感与不快的影响力减弱了，内心经过历练变得更坚强了，"今天虽然很热，但我不在乎""隔壁虽然很吵，但今天不知道为什么我不是很在意"。这种经过历练之后的坚强，其本质就是面对外界的各种信息，自立心变得更强了，而这正是平常心非常重要的一点。

不仅是面对不愉快的状况时能够变得更加坚强，面对体内追求快感的欲望指令，如果也能用"算了吧"的态度拿得起放得下，我们在心理上就能很快找到放松的状态。神经层面，就会不断地分泌出血清素这种能够起到放松和觉醒作用的神经传递物质，我们就能获得内心的安宁。

反之,如果我们总是想着,"我很想要那件衣服""我真想马上就飞到夏威夷去",并且马上付诸行动的话,快感和欲望的循环马上就会被接通,之后就会因为更强烈的欲望而带来更深的痛苦。

当今的日本社会,经济虽然衰退了,但和战后相比,生活条件还是有天壤之别的。漂亮的衣服也好,海外旅行也好,只要是想要的,年轻人都不难得到。借钱不再是件难事,物美价廉的服饰也越来越多,日元升值后海外旅行的门槛也越来越低。

那么,日本人的幸福指数上升了吗?从欲望的产生到达到之间,"等待""遗忘"的过程中,如果我们做不到让心灵放松,就会因欲望丧失内心的安宁。正如之前多次论述过的,现实就是,当"快感与不快感"的生理系统的支配力越来越强时,我们就会变得越来越痛苦。

享受过程，我开的处方

对于以前的日本人来说，无论是买漂亮的时装还是去海外旅行，都不是能够轻易实现的，不像现在这样"想要，想去"→"马上就去买，马上就去玩"。为了实现这些愿望，需要一个慢慢存钱、耐心等候的过程。

所以，他们必定会有"等待"和"放弃"的时间，并在这个过程中，自然而然地提升血清素的分泌量，让心情放松下来。结果，"快感与不快感"的生理系统也很少被强化，于是他们就能够充分享受整个过程。

享受过程是加强"乐"的循环的一个非常有效的方法。

方便面作为现代社会的一个象征，代表了一种速战速决的现代快餐文化。吃饭成了一个很简单、很快速，马上就能解决的问题。当我们觉得肚子饿了时，只要去趟附近的便利店，就能买到能迅速填饱肚子的食物。以"吃"这一行为为例，"肚子饿了"→"马上就吃"→"产生快感"→"快感消失"→"依然有不满足感"→"在心里留下烙印"→"还想重复这种快感",这种生理感受和生理过程在吃的过程中不断被强化。

家庭料理的配方也是,宣传的都是不需要费什么功夫就能简单地制作出美味。现代社会就是这种大趋势,到处都可见各种"5分钟爱心料理法"。所有的事情都推崇快捷方式,在资本主义体制下,人们对快速方便的欲望之火不断被点燃、强化。

其实我们可以尝试切断快捷方式的路线,特意去让自己享受过程。比如说吃饭,尽量不要去吃快捷食品,学着自己一步一步按顺序制作料理,也不需要每次都亲自动手做饭。周末,有时间的话,让自己慢慢地享受做饭的过程,逐渐地适应并享受这个麻烦的过程。

最近,家庭菜园、周末菜园之类的很是流行,这也表明现代人开始有了享受过程的意识。播种、浇水、施肥、割草、除虫,在过去,种地可不是个轻松享受的过程,收获的多少可是事关生死的大事。经过一番辛勤耕作最终收获的食物才会让人觉得尤其美味。

现代人不需要再像过去那样辛苦地种地,只要享受农耕的乐趣就可以了。从插秧开始到收割,用自己种的大米亲手做的饭团必定会比在便利店买的现成的饭团好吃。如此这般,享受过程,就能强化"乐"的循环,这有利于我们抑制"喜"和"怒"背后"快感与不快感"的生理机制。

喜欢碎叨男的女性会走向不幸

说起快捷方式，随着各种数码产品的大量出现，人与人之间的沟通和交流已经突破了时间和场所的限制，能很方便快捷地实现。

书信、电报、电话、传呼机、手机、电子邮件、手机短信，伴随着通信技术的不断发展，所有人，尤其是年轻人，可以频繁地通过各种信息和社交工具随时随地进行沟通。

据说在日本的中学生中，流传着一种"五分钟规则"的说法。收到信息后必须在五分钟内回复，否则就会被认为不够朋友。这是日本的年轻人默认的社交潜规则。

给对方发信息，五分钟之内如果收到回复，就会觉得对方很重视自己，最初会感到很欣慰。但是下一次，即使对方还是在五分钟内给了回复，也不会再像最初那样感动了。这是因为收信人已经产生了"惯性"。对方越是这样按以往惯例回复,收信人越是会觉得这是理所当然的常态。下一次如果还想获得感动的话,就会期待对方不仅能快速地回复,还要发给自己"花了心思的""用了恰当的表情符号的""有意思的""能让自己会心一笑的"信息,甚至还会期待对方能够主动给自己发信息。就这样,不断地会有新的要求、新的期待。

而随着"快感"的标杆越升越高,没有得到满足时,"不快"的指数也会不断提升。所以过于频繁的沟通,不仅无法带来满足感,还会导致更深的寂寞、空虚和无聊。

除了邮件以外,随着各种社交媒体(博客、微博、微信等)的发展,我们可以在第一时间和越来越多的人分享、沟通信息。而在这样的社会背景下,我们的平常心也面临着越来越大的威胁。

当有朋友甚至是不认识的人评论了我们发的帖子,我们就会觉得很欣慰。而这种喜悦感越深,我们就越容易陷入对评论的焦急等待中。

如今这个世界与以前相比,每时每刻都在被各种碎片化的语言和信息所充斥。尤其是像写短信、写微博这种写短小精悍的内容的技巧,进入了史无前例的发展高峰。就用短短几句话来吸引对方方面,如今的年轻人使用的方法和过去那些年代的人真是不可同日而语。

而随着沟通量的增加和膨胀,自称寂寞、空虚的人反而越来越多。确切地说,随着各种快捷通信方式的增加,各种寂寞、痛苦也随之增加,二者是成正比的。

如此一来,纵观万象,我们对资本主义体制的精明和可怕又有了新的认识。商家通过刺激人体内"快感与不快感"的生理机制,强化其作用,通过类似"洗脑"的方式让人们产生某种依赖症状,对某种商品或服务"上瘾"到无法逃脱的地步,以这种模式来扩大销量、提高收益。这无疑是资本主义的一大本质,通过这样的过程培养自己公司所推出的商品和服务的粉丝,通过增加回头客来稳定经营成果,实现企业更快地成长。

我们在资本主义体制下得到了丰富的物质资源,也享受到了便捷的服务。但我们也要注意到,我们正在这种体制中,在各种巧妙的方式下,成为各种依赖症的奴隶。我们有必要让自己保持清醒,不要因此越陷越深,以致痛苦。

话题有点大了。现代社会,各种通信技术和沟通手段越来越发达。我们不仅没有通过越来越频繁和广泛的沟通减少寂寞感，反而变得更加寂寞和空虚。你是否也有同样的感受？

过去经常有人说女性都喜欢碎叨男，而在沟通方面过度的追求其实也存在可怕的一面。对对方频繁联系的过度渴求，即使实现了，本人也会随着耐性的增加而愈加痛苦。我并不是说要为包括我自己在内的冷漠男撑腰，其实就像从前那样，时不时地互相写封书信。这样的交往频率，反倒是能真正保持一颗平常心，让恋爱双方能够一直幸福地交往下去。

沟通上，最好不要过度追求快捷。花点时间亲笔写封信，并耐心等待回信，享受这个过程，反倒可以找到通向"乐"之境界的捷径，在放松的状态中收获幸福。

有个放之四海而皆准的真理，那就是越是追求快捷方式，越是容易陷入"欲望"→"快感"→"惯性"→"不满足"→"更强的欲望"这一连锁反应，内心就越容易变得粗糙。凡事最好抱着诸如"算了吧""就是这么回事儿""没办法"之类的态度，接受事实，随它去。否则，就会因为不能马上实现愿望而感到难以忍受。

意识到这一点，并同那些能够实现快捷方式的道具保持一定的距离，在日常生活中，就能确保在更多的时间里保持一颗平常心，让自己安稳幸福地度过每一天。

我现在就是连手机都懒得带了。我在东京的家里，也没有安装网线。现在这个时代，没有手机就无法工作的人越来越多。而我觉得不带手机并没有造成任何不便。想想看，二十年前，大家都没有手机，不都工作得好好的嘛。觉得没有了手机就无法工作，这本身可能就是个很可笑的想法。

惊讶是心灵的毒药

"还是算了吧""也就这样了",这些想法说白了就是对于眼前的现象感到没什么可惊讶的。当一个人感到特别高兴、特别快乐时,或者感到非常不愉快时,就会失去平常心。令人震惊的场景最容易在记忆中留下深刻的烙印。

对于那些过往发生的曾经让自己震惊不已的事情,是不是回想起来都觉得历历在目,恍若昨日?也就是说,人在震惊时所接收到的信息会在大脑中留下深刻的烙印,今后遇到类似状况都会被曾经的记忆所绑架。而被记忆绑架,可不是一件好事,甚至可以说没有丝毫的益处。

因此,在平常的生活中,要尽可能地做到保持一颗平常心,不要总是一惊一乍的。养成凡事见怪不怪的心态才是最重要的。"没办法,就这么回事儿。"学会平静地接受眼前的事实,尽量不要在记忆中留下过深的痕迹,神经就会安定下来,你就能时刻处于"乐"的状态中。

学会从更高的层面上接受

所谓的"接受"还可以上升到更高的层面。比如说，当你感到疼痛的时候，你可以把你的意识专注于疼痛本身。"这会儿是很疼，但也不过如此罢了。"当你用这样的心态去感受疼痛时，你就不会觉得疼痛难忍了。

冥想时，有的人会因为盘腿而感到疼痛。此时要学会专注地去感受这种疼痛，接受这种疼痛的感觉，把自己所有的意识和注意力都投入进去。当你的内心和疼痛的感受融为一体时，你就会释然了。

通过这样的心灵训练，你在心理上就会产生一种"安乐感"。此时，前面所介绍的与心灵的安定和镇痛相关的神经传递物质——血清素就会大量释放。在血清素的镇痛作用下，疼痛感就会大大缓解。这种说法在神经科学上是完全成立的。

如此这般，把自己的意识专注于自己觉得痛苦、厌恶的感受本身，集中自己所有的注意力去感受这种状态，并尝试着百分之百地去接受。于是，曾经让你感到万分厌恶的事物将变得不再那么可恶，你的痛苦和厌恶感可以获得暂时有效的缓解。

有的人很怕冷。当你处在严寒中时，可以试着索性去接受这种寒冷的感觉，把自己的意识全部专注于这种严寒的状态之中。于是你会意外地发现，你不觉得有那么冷了。怕冷的人，应该是因为曾经有过造成这种感受的经历，以此为契机，造成了觉得自己很怕冷的印象。从这个意义上来说，所谓的"怕冷"其实就是被自己过往的记忆所绑架了。怕冷的人需要做的是暂时切断与这种记忆的联系，把自己从"怕冷"的自我成见的诅咒中解放出来，让自己只是专注地去感受"此时此刻"这一瞬间的温度。

坚持冥想练习，最初只能暂时缓解痛苦的感觉，但逐渐地，痛苦的感觉就能持续地消退。从这个意义上来说，冥想修行就是让自己逐渐摆脱记忆的诅咒，从过去的烙印中解放出来。这方面我们会在第五章中进行详尽的介绍。

步行冥想——把自己的意识集中在足部的感觉中

到此为止,我们论述了通往"乐"之状态的两种方法:其一是学会"接受"各种状况;其二是集中意识去关注状态本身。以疼痛为例,就是接受疼痛的感觉,把自己的意识集中到疼痛的状态中;还有第三种方法也很有效,那就是"把意识集中到简单而又漫无目的的行动中去"。

比如说,"步行"。一般来说,人们走路都是有目的的,比如从某个地方走到另一个地方。不过,目的意识具备让我们心情紧张的性质。目的意识不仅会让我们的心情紧张,而且在目标实现时,紧张感会消退,大脑内部随之就会产生快感反应,引起兴奋。于是,安心感,即平常心就很容易被破坏了。所以,要想活化那些能带来安心感的神经系统,达到轻松愉悦的状态,一个很关键的方法就是不抱有任何目的地步行。

举个例子,电视剧中经常会有这样的镜头,守候在产房门口的丈夫紧张地在同样的地方漫无目的地走来走去。还有，当亲人正在接受高难度手术时，家人们也会在手术室前漫无目的地来回踱步。

实际上，当我们忧心忡忡或者内心紧张不安时，就会不自觉地漫无目的地走来走去。因为在同一个地方毫无目的地来回踱步，这种方式可以激活那些带有镇静作用的神经反射。我觉得亲人们在手术室门口来回踱步，可以解释为一种潜意识中的自我缓解行为。不过，漫无目的地走路也许可以在一定程度上缓解不安的情绪和紧张感，但仅仅是凭借简单的踱步还是很难完全消除被不安占据的心态的。

用佛道的方式来讲，可以在走路时把自己的意识全部都集中到"足部的感觉"上。没有任何目的地走在路上，不要让各种不安和担忧占据自己的心灵，只是一个劲儿地走。把自己的意识只集中到走路时"此时此刻"这一瞬间足部的感觉上，就是佛道中所说的"经行"，一种也被称为步行冥想的修行。步行的场所哪里都行。漫步险峻的山野，可以说是一种修行者的"经行"，而在公司的会议室里来回踱步，也可以称为一种"经行"。就像在动物园的笼子里来回踱步的大熊和老虎那样,只是单纯地从会议室的这端走到那端再走回来,如此反复,这其实就是一种很了不起的"经行"。如果能这样坚持每天都在会议室里来回走,坚持几个小时,数万个来回后,你会发现你真的进入了一种非常轻松愉悦的状态,内心所有安宁和淡定的感觉都被激活了。

坐禅时要把意识集中到呼吸上的理由

我们在进行坐禅冥想时,一定要把意识集中到呼吸上。为什么是呼吸呢?要点就在于呼吸是在"无意识"中进行的。呼吸当然不是没有意义的行为。生物为了维持生命,需要吸入氧气,呼出二氧化碳。对于生物来说,呼吸是绝对不可或缺的行为。当然,在日常生活中,通常不会有人在呼吸时还想着,"为了维持自己的生命,我要好好地吸入氧气,把二氧化碳都呼出去"。虽然有的时候我们在做深呼吸时,是抱有这样的目的意识的,但我们的日常呼吸通常都是在无意识的状态下进行的。

对于那些永无止境的行为,在我们的有生之年,我们在主观上都只会在无目的、无意识的状态下不停地重复。把我们的意识全部集中在呼吸这一行为上,不要去想那些你想得到的东西,你想去的地方,不要去想那些地位啊,名声啊什么的,只是一个劲儿地把意识集中到呼吸上去。哪怕是"想要获得平常心"这样的目的意识，最终也只会带来本末倒置的结果。所以最重要的就是把一切欲望和念头全部抛开，感受从鼻孔进入体内的空气，感受伴随着吸气逐渐膨胀的胸部和鼻子，然后再感受空气慢慢地从鼻孔呼出，感受呼气后体内空空如也的状态。

这里要强调的不是让大家用心去做深呼吸和腹式呼吸，呼吸还是像平常那样就好了。只要把意识和永无止境的呼吸紧紧地联系到一起，就可以让自己进入放松愉悦的"乐"的状态，那些与安心感、幸福感相关的神经传递物质的分泌量会自然而然地大大提升。实际上，当我们尝试去坐禅的时候，会发现我们的身体好像被按下了开关一样，一下子就进入了"乐"的状态。

佛道修行中，一个很有用的"副作用"就是能够激活血清素的分泌，创造出一种"乐"的精神状态。可能正是因为通过修行所带来的身心之"乐"被广大的修行者所亲身体验，所以佛道才能在两千多年的漫长时间里一直被广泛接受。如果佛道修行是没有丝毫"乐"之感受的痛苦修行，那么大家都会半途而废了。

"乐"是可以锻炼的

这么说来,大家也就很容易明白,原来"乐"是可以通过训练来让心绪安定下来的。从神经层面来说,分泌血清素的神经反射是可以通过锻炼来激活的。

主管"不快感"的去甲肾上腺素,通过反复分泌,可以让心灵变得更加强大。就像之前所论述的那样,一个人一旦形成了觉得自己某方面不行的成见,去甲肾上腺素过度分泌,就会造成很大的负面作用。而关于主管"快感"的多巴胺,正如之前所反复论述的,随着分泌频率的过度增加,相关接收体会形成耐受性,相关的感受就会变得迟钝,内心也会变得荒芜。

相对于这些过度分泌会引起危险的激素,血清素是不同的。如果血清素持续增加分泌量,只会提升镇静的作用。也就是说,只要坚持,维持"乐"的理想状态是完全可以通过训练来达到的。

接下来，我们从神经科学的角度来说明这一点。

血清素带有一种"自我受容体"。血清素分泌的时候，其分泌功能还带有反馈作用，能自动计算分泌出了多少血清素，这就是"自我受容体"的作用。通过"自我受容体"的作用，可以自我认知血清素的分泌量。"分泌了这么多也就差不多了，差不多可以减少分泌量了。"当这些功能开始起作用时，我们内心的波澜就会逐渐平复，这就是一般情况下心态变化的内幕。

这点不仅限于刚才所说的步行冥想和坐禅，只要每天都坚持留出一段时间，把心思专注于"此时此刻"，在一定期间内，创造出持续分泌血清素的状态，这种"自我受容体"的数量就会慢慢减少。于是，就不会出现"血清素已经分泌得够多了，不要再分泌了"的情况，血清素就能达到恒常分泌的状态。

这就是说通过"乐"的训练可以不断加强"乐"的状态。从这个意义上来说，我们这些冥想修行者每天都在坚持"乐"的训练。通常，当身心达到放松的状态时，在"自我受容体"的作用下，血清素的分泌会停止，放松的状态就会难以持久，很快会回到紧张的状态。这点从动物的层面来考虑,是必要的身体机能。偶尔缓解一下紧张感,放松一下,这对于维持生命是很有必要的。但过度的放松,会引起忽视外敌的危险,最终有可能因此而丢命。这种生命机制可以解释为为了避免危险而形成的一种本能。

而坚持不断地重复步行冥想和坐禅,也就是每天保证一定的坐禅时间,坚持几年下来,"自我受容体"的数量就会慢慢减少。你会发现一直用这样放松愉悦的状态活下去是多么美好。于是,"乐"的状态就可以在一定程度上持续维持下去。坚持一段时间后,生命的程序就可以逐渐摆脱强制紧张的状态,摆脱被"洗脑"的束缚,慢慢地,你就能找到最轻松自如的精神状态。

不要过度追求，做任何事情都要学会尊重现状

我们的心总是很真实，不会说谎。这点其实挺要命的。初次见面，就马上会条件反射般地在大脑里迅速对对方进行评价，是"喜欢的人"还是"讨厌的人"。当我们投入一项运动时，马上就会对自己的状态做出评价，"今天状态不错"，或者"今天状态不行"。对于现状，我们的内心总是会习惯于做出各种条件反射。我们都想接近"喜欢的人"，远离"讨厌的人"，我们都希望现实能如我们所愿。在这些心理作用下，我们的内心会不断地被激起波澜。于是，我们无法真正客观地认识自己的内心，就养成了喜欢自己评价自己的坏习惯。

前几天，在文化中心我指导的冥想课上，有学生对我说了这样一段话：

"当我注意到想在潜意识中控制呼吸的自己

时，我感觉很痛苦。而我发现只要顺着自然的呼吸频率，什么都不做，只是静静地专注于自己的呼吸，这样做既简单明了，又让整个人的心情状态变得很轻松。"

在我们意识不到的过程中，我们的呼吸会在一种极其自然的状态下自主地持续进行下去。当我们意识到自己的呼吸时，潜意识中想要控制呼吸的力量就会开始起作用。无论我们意识到的那一瞬间呼吸正处于一种什么样的状态，我们都会在那一瞬间产生强烈的冲动，想要强制性地去控制自己的呼吸。

于是，不知不觉中，越是想要控制，越是容易破坏最自然本真的状态。上课时和我分享过这段感受的学生，就是注意到了这个问题，这是一个非常重要的发现。

这就是潜意识中的压迫感。当我们注意到这些破坏平常心之本真状态的力量时，我们自然而然地就会想要摆脱这种力量。于是，在那一瞬间，我们会想摆脱这种试图去控制的紧张感，让自己的呼吸顺其自然。如果我们能做到顺其自然，我们的心就会从内到外达到一种平和的状态，也就是所谓的"不以物喜，不以己悲"，而这正是平常心所应有的状态。

赵州禅师（8—9世纪，中国唐代的禅僧）在十八岁的时候，请教他的老师南泉和尚："什么是道？"得到的回答是："平常心就是道。"也就是说，"最最普通的平常心就是所谓道的真谛"。

赵州禅师又接着问："那是不是把这个平常心当作目标就好了？"得到的回答却是："一旦把平常心当作目标，你就迷路了。"

这就是说，一旦把平常心当作"想要得到"的欲望的对象，平常心就会在为其所做的各种努力下被逐一消灭。忘掉那些所谓的目标、目的，只是抱着淡淡的态度去做就好了，不知不觉中，你已经进入平常心的状态了。这样做，可以说也没什么副作用。这就和幸福一样，越是处心积虑地努力去追求幸福，幸福反而越容易溜走。平常心其实就是这样一种非常特殊的心理状态。

关于这一点的本质，曹洞宗的莹山禅师（13—14世纪，开创总持寺的日本曹洞宗的第四代祖师）是这么表述的："有茶就喝茶，有饭就吃饭。"关键在于不把某种特别的事物当作欲望，总是想要得到或是想要达到某种目的。就像喝茶、吃饭那样，对于眼前那些极其普通的事情，用一种极其普通的态度去对待，不带有任何目的和意图地去做。通常，我们会一边喝茶，一边考虑一些很无聊，其实怎样都行的琐事。于是，我们就无法专注于喝茶这件事情本身，也就无法在喝茶的过程中获得充分的满足感。不带有任何目的地专注于喝茶这个过程本身，这才是平常心的根本之所在。无论是做冥想练习还是做重要的工作，不要老是觉得自己是在做一件非常特别的事情。就像喝茶的时候就好好喝茶，吃饭的时候就好好吃饭，把心思放在眼前正在做的事情本身，就像"呼吸时就好好呼吸"，用这样的态度去做任何事情。只有在这样的状态下，你才能摆脱肩负的各种重担和压力，实现百分之百的潜力发挥。

在这种"普通"的态度中，在这种"平常心"的状态中，其实就有"乐"的觉醒和"乐"所带来的安心感。如果你能抓住哪怕是一点点的这种"乐"的感受，就可以把这种感受作为幸福生活的要诀和基础。

要学会善于操作"乐",控制"喜"和"怒"

这里所讲的锻炼,同样适合在田野里用铁锹挖土耕田之类的单纯的农事劳动。"今年想获得多少收成?""今年小麦的价格能卖到多少钱一斤?"刚开始,拿起铁锹时,你还在考虑这些问题,但在单纯地重复挥舞铁锹的动作中,你会慢慢地远离这些目的意识。你只是默默地一个劲儿地挥舞着铁锹。于是,在这种单纯重复的动作中,你就能持续专注于"此时此刻","乐"的心理功能就能得到提升。

所以,面对很多找我倾诉烦恼、咨询解决方法的痴男怨女,有时,我会邀请他们到寺院后面的田野里,建议他们做一些类似的农事劳动。不要老是去思考那些看起来很重要的问题,也不要总是陷入各种烦恼而难以自拔,只是默默地拿起铁锹重复一个挥舞的动作。在这个过程中,血清素就会大量分泌,内心就会逐渐进入"乐"

的状态。

工作上也存在同样的道理。有些单纯的具有重复操作性的工作，乍一看好像感觉很痛苦，但如果能平淡地投入进去，其实还是可以获得"乐"的感受的。比如说，不停地给信封贴地址条的工作。最开始可能会觉得"无聊"，但如果能保持一定的节奏，默默地投入进去，不知不觉中你会发现，你已经乐在其中了。

这种"乐"的状态，分泌血清素的状态，换种说法其实就是从"记忆的诅咒"中解放出来，进入一种只享受此时此刻这一瞬间感受的专注状态。可以说，在这样的状态下，我们能够充分地感受生命的"强度"。

和记忆紧密相连，并由此产生的各种兴奋与激动、不安与烦躁，总是不断地支配着我们的心情。要想从这些强势的情绪支配中解放出来，要想好好体会此时此刻这一瞬间生命的感觉，"乐"是一种非常有效的状态。"乐"的状态越强，就越能抑制过去那些快乐与不快乐的记忆。平常心的本质就在于"不容易被'快感'与'不快'所影响的平静"。"乐"的状态可以让这种平静得到加强。于是，无论是针对"快感"的欲望还是相关的反应，抑或是针对"不快"的愤怒的条件反射,这些都会变得不那么容易产生。即使产生了"喜"和"怒",只要原本就有"乐"的基础,心情也会相对比较容易恢复到适中的状态。也就是说,通过对"乐"的巧妙操作,可以达到抑制"喜"和"怒"的效果。当然,"喜"和"怒"并不是因此就消失了,而是在一定程度上得到了抑制。

正如之前所论述的,当"喜"和"怒"的情绪开始蠢蠢欲动甚至手舞足蹈的时候,首先要认识到自己现在正处于过度高涨的情绪之中,并努力去削弱这些情绪的支配力。同时,当意识到自己正处于过度的喜悦或愤怒中时,要注意打开"乐"的开关。可以给自己留几分钟时间专注于自己的呼吸,也可以干脆走出屋外试着来回走几步。总之,找到一种方式让自己打开"乐"的开关,进入"乐"的状态,并灵活运用这些方式,这样做会对情绪的缓解起到非常好的作用。

还有,如果能在日常生活中就有意识地去训练自己与"乐"有关的反应模式,不做"喜"和"怒"的奴隶,那就最好不过了。对于平常心来说,"乐"是非常重要的一个元素。

"乐"也会有的陷阱

不过,"乐"也存在陷阱。到此为止,我们把心态单纯地划分为"怒""喜""乐"三种类型并分别加以阐述。但人心的构造毕竟是非常复杂的,有的时候这几种感情是混杂在一起的。尤其是"乐"和"喜",非常容易混杂在一起。

比如说,今天工作很轻松,慢悠悠地就做完了,为此你感到很高兴。这个时候,可以说"喜"和"乐"的情绪都占了一定的比例。

具体来说,如果你是到昨天为止集中精力完成了一项重大的工作,今天终于可以喘口气轻松点了,这种状态也是比较不错的。不过,如果你不是觉得"今天能放松放松真好",而是觉得"紧赶慢赶终于在期限之前急急忙忙地弄完了,虽然做得很痛苦,但终于解放了,真是太高兴了"。也就是说,一旦你觉得自己是从强烈的"苦"

中解放出来所以才得到了"乐"的感受,并且还想不断重复类似的心理流程的话,那就变得很恐怖了。因为有这种想法的时刻,比感受到"乐""喜"的时刻的比例要高得多。

一旦陷入这样的想法,那么要想体会"乐"的状态,就必须先给自己施加很大的压力,在不知不觉中让自己再一次陷入难以放松的紧张状态中。然后,在自己制造的压力状态下,再次产生对"乐"的状态的渴望,这期间就会产生过度的不安和不满足感。于是,你的日常生活将会离平常心越来越远。

再举一个例子。有的时候,我们会觉得今天的工作很轻松地就完成了,真是值得高兴。这些时候,与其说是放松,不如说是应该做的工作所产生的"逃避感"带来了快感。通过逃避来获得暂时的脱离痛苦的方式,从真正意义上来说,并没有让身心得到真正的放松。一旦我们对伴随着强烈的"喜"和"乐"的事物上瘾,生活可能就会逐渐变得懈怠,终日游手好闲,不务正业。在逃避的过程中,什么都不做,或者只做喜欢的事情,以此来获得"喜"。在这种状态下,其实我们的内心深处一直都是痛苦的,但是因为连自己都觉察不到,当然也就难以自拔了。

综上所述,关于"乐",有时候也是存在陷阱的,所以不要过于执着地去追求"乐"的状态。保持好对"乐"的心态,这点很重要。

冥想修行中潜在的奴隶

"不过度执着地去追求",也就是"不拘泥",在保持平常心这点上,从各方面来讲都很重要。"喜"也好,"怒"也好,只要了解了其中的心理机制,就能摆脱这些情绪对自己的支配,不再执着,不再拘泥,学会放手。

在"乐"的心理机制内部就存在着远离执着的功效,这一点对维持"乐""喜"的状态具备非常强大的效力。当"乐"同时伴随着高度的喜悦出现时,经常会出现"喜"占据整个心态的情况,以至于达到"执着"的程度。你需要了解"乐"的生理机制,同时还需要意识到一旦过度追求"乐",痛苦就很容易不请自来。你要明白,不要过度追求"乐"的态度有多么重要。

在佛道的冥想中,经常会发生过度追求"乐"的过失。所谓的冥想修行,如果连续坚持好几天,所谓的"乐"和"安乐感"就会变得非常高。大量分泌血清素的状态一旦长久持续，整个人的身心状态就会变得过度安逸，甚至会舒服到觉得就这样死去都行。

这个时候，很多人会因为找到这种舒服的感觉而欣喜不已，并继续执着地去追求这种感觉，以至于无法进入冥想的下一个阶段。我自己也有过在冥想中出现停滞的时期。有的人甚至会在这个阶段停留一两年，直到意识到自己的失败。

当你达到这种让人感觉非常非常舒服的"乐"的状态时，你要冷静地告诉自己："这只不过是一种被称为'乐'的，生理上和心理上的一种状态而已。"也就是说，重要的是要用一颗平常心去俯瞰这种状态。另外，用"诸行无常"的观点去凝视这种"乐"的状态也是很有效的。当安乐感出现的瞬间，如果能意识到它，并时刻关注这种感受的强弱变化，在这个监测的过程中，安乐感就注定会消失。如此这般，每次都按照"产生、持续、消失"的顺序亲身去感受，你就能体会到所谓的"乐"也只不过是终究会消失的一种状态而已，你也就自然而然地不会再去过度追求这种"乐"的状态了。

到了这样的境界，你依旧会继续追求"乐"的状态，但绝不会在难以达到这种状态时痛苦不堪。你能积极正面地去看待"乐",并能真正享受"乐"所给你带来的轻松和愉悦。

到这里为止,我们强调了很多有关"喜"的负面影响。在佛道的冥想中,其实"喜"还是有很多积极正面的作用的。接下来,我想在下一小节中聊聊这一点。

喜悦感不是一种剧毒

我们在进行冥想的过程中,有时候能够发现潜藏在身体内部隐秘处的,日常生活中我们所没有发现的紧张感。当我们集中所有的注意力去凝视这一发现时,有时候我们是可以用自己的力量去消除这些紧张感的。就那么一直专注地去感受这种感觉,忽然在某一瞬间,我们会发现那些紧张感已经烟消云散了。

这个时候,潜藏在身体内部的很多痛苦的感觉都会随之消失。我们的内心会涌起巨大的喜悦,刹那间感觉心跳加快,浑身上下充满了能量。这种生理状态在佛道中被称为喜悦感,因为这种状态对冥想的进行过程非常有好处,所以一定要重视。

当然,过于贪恋、过于执着地追求喜悦感是一件非常危险的事情。但喜悦感确实能让身体变得精神大振,带来浑身通畅的感觉。因为其在冥想进行中的积极作用,在释迦佛教的修行法中尤其受到重视,是被称为"七觉支"的七大感悟元素之一。关于"七觉支",后面还会再进行详述。

无论是喜悦感,还是安乐感,这些生理状况都是:一开始产生,持续一段时间,必定会消失。如果能坚持观察这一"生→住→灭"的过程,将其作为一种修行,就能减少对这些感受的执着和贪恋。如果你掌握了如何用一颗平常心来对待这种强烈的喜悦和安乐所带来的快感,那么对于日常生活中那些普通的"快感",你就更加容易做到淡然处之了。

关于"喜怒哀乐",佛道式的结论

在这里,我们终于可以回到起点,来回答本章最初设置的问题——"佛道中到底是如何来看待'喜怒哀乐'的?"

这个问题之所以无法简单地做出回答,我们在本章中已经有了很多相关的论述。在此基础上,如果非要用一句话来回答这个问题的话,我觉得可以这样说:

"喜"最好可以有,

"怒"最好要远离,

"哀"也是最好要远离,

"乐"最好可以有。

也就是说,"喜"和"乐"来了就来了,如果"怒"和"哀"来了,那就作为一种现状去接受它们,去专注地凝视它们。

"喜"和"乐"虽然是有积极作用的,但如果过于贪恋、过于执着地追求，那就变成危险了。

这就是本章的结论。在本章中，稍有涉及关于如何保持"喜"和"乐"的状态的方法，第五章中会再作详细阐述。

本章小结

怒和哀

要知道愤怒必定会带来报应

积攒愤怒的怨气，终究会带来负面的反馈

越是在愤怒的时刻，越是要监测自己的心理状态

要认识到愤怒只不过是去甲肾上腺素的命令而已

喜和乐

要知道快感与不快感只不过是一枚硬币的两面而已

追求快感，必定会因为不满足而陷入痛苦

当你想要"更多更多"的时候，请注意监测你的心理状态

要认识到快感只不过是多巴胺的命令而已

表面、背面

人总是在被记忆所诅咒

快感与不快感,喜怒哀乐,不要过于执着这些,"就是那么回事儿",学着用这样的态度去接受它们,并置之度外

别烦恼啦

第四章

用平常心来看待生老病死
——接受死亡的功课

释迦牟尼佛祖最初的说法

在本章中,我将开始论述有关生老病死等比较严峻的话题。这些话题是很沉重的,也事关人生的一些本质性问题。无论是对于佛道还是一般的宗教流派来说,生老病死都是一个具有普遍性和根源性的话题。

说起当初释迦牟尼佛祖大彻大悟并开始到处传教时,最开始他的听众非常少,只有五个人。面对这五人,释迦牟尼佛祖最开始讲的一部分内容,概括起来大致如下:

"你们,来到这个人世是痛苦,渐渐老去是痛苦,生病是痛苦,而谁也无法避免的死亡更是痛苦。

"只要活着,就必定会有所喜好,喜欢某样事物,或者喜欢某个人。但在我们的有生之年,我们所喜欢的对象注定会发生变化,我们的心也同样是在变化着的。

"我们的眼睛一直想看到的是我们所喜欢的事物、所喜欢的人,这些事物和人总是会在某些时候,从我们的眼前消失。

"我们的耳朵一直想要听到的是我们所喜欢的声音、所喜欢的音乐,这些声音和音乐总是会在某些时候,无法听到。声音会变化,会被破坏,而有的时候,即便同样是我们曾经喜欢的声音,我们自己也会厌倦。

"比如说,我们所喜欢的味道、所喜欢的香气,这一切都不可能是永远存在的。我们所喜欢的对象是不可能一直存在的,痛苦由此而生。这就是'爱别离苦',一种与自己所爱的对象离别的痛苦。"

释迦牟尼最初所解释的"爱别离苦"是不是很浅显易懂啊?无论是多么喜欢的事物、多么喜欢的人,没有一样是永远不变的。世间的一切,都注定会在每时每刻一直变化下去。

当我们无法接触到我们所喜爱的人和事物时,所产生的痛苦更进一步发展,就会变成"怨憎会苦"。当我们经常接触到为我们自身的五官感受所不喜欢的对象时,同样也会产生痛苦。

我不喜欢这种类型的长相,我不喜欢太高的气温,我不愿意回想起那件事情,我不想再看到错误增加,我不喜欢那种颜色……当我们接触到这些让我们感觉厌恶的信息时,我们的身心就会感到震惊或是陷入痛苦。所谓"怨憎会苦",就是指这种因遇到自己厌恶、憎恨的事情而产生的痛苦。

《大念处经》这一经典中写道:"'怨憎会苦'的内涵就是指,'眼耳鼻舌身意'这六大信息入口接触到了不喜欢的信息。"

求不得苦——一番追求而终未得到的痛苦

释迦牟尼还说过,我们每个人都有不可能实现的欲望和渴求,我们的很多痛苦都源于此。佛道上称之为"求不得苦",意思就是说,一番苦苦追求却终究不能得到,因此而痛苦。

在佛教的经典著作中,举过这样一个例子。有人说:"如果我没能来到这个世上该有多好。"这是一句非常可悲的话,可以说是对自己亲生父母的侮辱。"我不想让你把我生下来,让我来到这个世上,你为什么非要把我生下来?"这分明是在责怪自己的父母。不过,可能还真有不少人在青春叛逆期对自己的父母说过类似的话。

听了这样的话,父母自然会非常伤心。佛道认为,我们以某种形式投胎到这个世上,都是我们自身心灵所做出的选择。也就是说,我们不是被动地出生,而是我们自己选择来到这个世上的。这点和印度有关轮回转世的教诲有关，之后我还会再做进一步阐述。

还有，即使你觉得"不来到这个世上也许更好"，即使你有不想来到这个世上的愿望，但这终究是绝对不可能实现的。对不可能实现的事情抱有渴望，内心自然会纠结，从而陷入痛苦。而这样的痛苦，是释迦牟尼佛祖所不齿的。

也许，"不来到这个世上也许更好"这样的例子太极端了，比较难以引起共鸣。而事实上，还有很多绝对不可能实现的愿望一直在折磨着我们，让我们痛苦不堪。

比如说，几乎所有人都会有"不想变老"的欲望。这点在佛教经典中也有所记载："有种欲望叫作，如果我不是一个会变老的存在，那该有多好。"

有的人未必直接抱有"我不想变老"的想法，但随着年龄的增长，会觉得"我怎么老是出错啊""我怎么变得老眼昏花啦""皮肤都下垂了，真讨厌"，有过类似想法的人太多了。虽然自己在主观意识上并不至于直接说"我不想变老"，但实质上的想法就是不愿意变老。这样的愿望会出现在各种场合。也正因如此,很多商品打着"逆生长""延缓衰老"的旗号，到处宣传。

男性的话,步入中年,身体会发福,皮肤会变得松弛,甚至体味也会变。可能有很多人都会对这些身体上的变化表现出抗拒。这个时候,其实本质上的期待就是,"如果我是一个不会衰老的存在,永远都不会倒下,那该有多好"。而人的身体,偏偏就是一个会持续衰老,最终走向死亡的存在。这一事实是绝对无法改变的。

而面对如此严峻的事实,我们的大脑,却一直想要否定,并试图通过各种努力来抗拒。有的人积极地为"永葆青春"花费大量的时间、金钱和精力,也有很多人虽然没有付诸行动,但在这方面也会有很多消极的想法,整天感叹"岁月不饶人"。其实占据我们大脑大部分空间的都是这种消极的念想。"如果能永葆青春,该有多好",就是其中之一。

而这种想要"永葆青春"的念想,归根结底就是"如果能长生不老,该有多好"。有意识也好,无意识也好,人都会有"我不想死"的念想。

达摩大师的教诲——"莫妄想"

还有诸如"不想生病"的想法,说到底,其实也和"不想死"有着紧密的联系。"不想变老""不想生病""不想死",这些都是人类根源性的愿望。盲目地被"生存欲求"支配,只要是会威胁到自身生存的,一概都成了禁忌。而实际上,每天,每一瞬间,我们的细胞都在老化。我们一直不愿意承认这样的事实,这在佛道上被称为"妄想"。虽然和一般意义上的"妄想"在含义上略有不同,但不愿意接受事实,总是活在非现实欲求的世界里,总是在大脑中描绘着自己幻想中的世界,从这些意义上来说,这些想法不是"妄想"又是什么?

在中国佛教历史中起过重大作用,在日本也具备极高人气的达摩大师,曾留下"莫妄想"这一简洁至极的教诲。他说的就是,不要否认事实,不要在大脑中构筑与事实完全不同的虚幻世界。

看到自己的皮肤变得越来越松弛,心情很糟糕,不停地回想起自己当年光滑如玉的肌肤,这就是"妄想"。这种糟糕的情绪本身就是一种妄想。

达摩大师之所以会留下"莫妄想"的教诲,是因为"妄想"会带来痛苦。当我们为变得越来越松弛的皮肤而难过时,内心就已经开始痛苦。通过现实中肌肤状态和理想中肌肤状态的对比,内心所产生的"妄想"会让我们陷入现实与理想之间的沟壑中,并因此而痛苦不堪。这种痛苦甚至会扭曲我们的心态。

还是要强调，接受 = 平常心

如此看来，迄今为止本书中多次强调过的"接受事实"，对于保持平常心的重要性也就显而易见了。把事实当作事实来接受，所谓"爱别离苦""怨憎会苦""求不得苦"，这些痛苦都会相应地减少。

你要接受这样的事实：无论你有多么喜欢一样东西或一个人，你都注定要面对与之别离的时刻。

你要接受这样的事实：只要你还活着，就注定会遇到自己所厌恶、所憎恨的人和事。

你要接受这样的事实：无论你如何付出努力去苦苦追求，所谓"不想变老""不想生病""不想死"，这些基于生存本能的欲望，都是绝对不可能实现的。

只有这样，那些盲目的生存欲求才会稍稍有所缓和，你才能进入"乐"的状态。

如此，不拒绝事实本身，用"也只能这样"的态度去接受，这样的心态就是平常心。

老了也好，病了也好，甚至死亡也好，用"也只能这样"的态度去接受，相应的痛苦就会减少。

比如说，"生病"。当然生病本身会带来身体上的痛苦，而如果你不接受"生病"这一事实，你将会变得更加痛苦。当你生病时，如果你不愿意接受"生病"这一事实，总是翻来覆去地想，"为什么我如此倒霉生了这种病？为什么要在这个岁数得这种病？"抗拒的心态就有可能演变成愤怒，让内心更加痛苦不堪。我想这一点大家应该都深有体会，很容易明白。这是一般人通常都会有的反应。如果平时能够有意识地进行对平常心的锻炼，日积月累，类似的痛苦就会慢慢减少。可以说佛道的根本，就在于教会我们减少这些痛苦的方法。

接受自己的弱点

关于接受，还要强调一下，"自己的弱点"往往不是那么简单地就能被接受的，而承认自己的弱点并接受自己的弱点，这点非常重要。比如说，别人说了一句无心的话，而自己却很介意，心情为此变得很糟糕。这个时候可以对自己说："这么一句无心的话就能让自己的心情变得如此糟糕，自己真的是太经不起说了。是啊，自己还是太弱了，还需要锻炼啊。"这就是接受自己的弱点。

在这个例子中，受伤的起因在于自己的"自尊心"。"自尊心 = 自己对自己所抱有的印象"。因此，当听到与自己心目中的自我形象有差距的评价时，就会受伤，或者表现出抗拒，甚至会忽然在瞬间对对方产生极大的愤慨。这种自尊，换种说法，其实也算是一种"妄想"。自己心目中的自我印象，并非事实，甚至什么都不是，我们却深信不疑，并在内心当作事实去"妄想"，以至于陷入了被妄想摆布的状态。

连自己的弱点也都要去接受。因为自己的自尊心过于虚妄，以至于这么一句话就让自己感觉很受伤——我们需要承认这一点并去接受这一事实。在接受周围状况的同时，也要接受自身的现状。如果能够做到实事求是地接受事实，我们无论是对待周遭，还是对待自身，都会变得更加宽容。如此，我们就能用一颗平常心安然度过余生了。

"五蕴盛苦"——人生就是充满了各种痛苦

不好意思,我们还要接着阐述与痛苦有关的话题。佛道中有个词叫作"五蕴盛苦"。这个词讲出了佛道对于人类整体的看法,也概括出了人生痛苦的全貌。让我们来好好解读一下这个词。

"五蕴"是指人体的生理构造,也是构成人生的五大部分,分别是:

①身体
②感觉
③记忆的网络
④冲动
⑤信息的输入系统

也就是说,我们有"①身体",身体里面有神经系统,神经系统受到了刺激就会产生"②感觉",然后在"③记忆的网络"的联动下,产生或喜欢或厌恶的"④冲动",最后通过五官感受和思考,形成"⑤信息的输入系统"。

而"五蕴盛苦"的意思就是,由这五大部分组合而成的身心,总是会有某种形式的痛苦的信息输入。"盛苦"就是说我们的人生充满了各种痛苦。

佛道用这个词告诫我们,所有的人类,所有的人生,都一直会面临痛苦的输入。所谓生老病死,从出生、衰老,到生病、死亡,这期间,我们无法做到一直只接触自己所喜欢的人和事,我们也无法做到一直回避自己所厌恶的人和事(我们的身心总是不得不频繁地接触我们所厌恶的信息)。而对于一直处在变化之中的我们自身和周遭的状况,我们的内心会自动地进行否定,并产生抗拒的冲动。

这种盲目的冲动,换个说法,其实就是"生存欲求"。"我想要活下去,一定要活下去""讨厌,我不想死,我不能死",这些生存欲求就是痛苦的根源之所在。

深受佛教影响的十九世纪哲学家叔本华说过:"想要活下去的盲目的冲动贯穿生命的始终,所有的生物都因此而痛苦。"

如果被盲目的生存欲求纠缠、折磨，必定会陷入痛苦；而如果能摆脱生存欲求的控制，就能通向"乐"的状态。一个人，如果对于周遭的所有变化，对于自己终究难免一死的事实，都能够淡然接受，那他就能活得轻松自如。

反之，如果做不到接受，那么无论他曾经享受过多么极限的快感，无论他曾经拥有多少金钱财富，终究还是会痛苦一生。这就是人类和人生的原理之所在，意识到这一点，你的痛苦就会减少很多。

临死前，人唯一能带走的

在死亡面前，人是无能为力的。这点，佛教上有过反复的告诫。

比如说，原始佛教经典《相应部》中记载有下述教诲：

"无论是国王也好，僧侣也好，庶民也好，奴隶也好，甚至是连奴隶都不如的不可触民也好，无论你是谁，死亡都必定会公平地来拜访你。就像四面八方都有巨大的岩石压迫过来时，没有可以逃的地方。所有的生物在死神面前，都只能被带走。即使率领象之队去迎战，也不存在胜利的可能（从前印度有象之队一说，就是骑在巨大的大象身上去踏平敌军的部队）。率领步兵队也好，动员战车队也罢，无论采取什么样的应战策略，无论采用什么样的兵法，都注定要失败……"

再比如说，佛教还教诲我们："无论你积累了多少财富，无论你拥有过多少仆役，无论你拥有多么了不起的才华，在死亡面前，这些都是带不走的。"不仅仅是佛教，很多宗教都是这么教诲我们的。佛教中说："临死前，人有一样东西是唯一可以带走的,那就是'业力'。"所谓"业力"，就是指人这一生中，自己的身体和心灵所思考过的、所做过的、所积累的"意念的能量"。佛典中说，只有这才是人生旅程中可以自始至终和我们相依相伴的。

如果你总是处在激愤之中，如果你的一生一直充满了各种难以满足的欲望，你就会积累很多被污染了的意念能量。

佛道对待死亡是一滴眼泪都不掉的

佛道对待死亡是不会掉一滴眼泪的。

当亲近的人离世的时候，人们一般都会悲痛，伤心欲绝。而释迦牟尼佛祖告诫我们，悲伤是毫无意义的。释迦牟尼佛祖说过，他不主张用悲叹来面对死亡，而是主张将他人的死亡当作学习材料来看待。

据说，古代的佛教徒会将尸体晾晒在野外，每天都去看，观察确认尸体腐烂的过程。他们以这种方式来消除对自身肉体的贪恋。任凭尸体被鸟兽等啄食，这就是"鸟葬"。此刻自己百般爱惜的身体，早晚都会在某一天，就这么腐烂消亡。想到这些，就可以从对自身肉体，以及对人生的过度贪恋中逐渐摆脱出来。

古代佛教徒们这种面对死亡的态度，与对死亡百般忌讳、敬而远之的现代人形成了鲜明的对比。对于过着正常生活的现代人来说，无论是动物的死还是人类的死，都极少会遇到,日常能够遇到的,顶多是只死虫子而已。而即便是死虫子,也会让不少人觉得恶心不已。

进入现代社会后,人的遗体的卫生保全技术越来越发达。防腐处理和遗容化妆技术,可以让遗体看上去就像熟睡一样。这种对待死亡的态度也和"鸟葬"形成了鲜明的对比。

而所有这些都是现代人在对待死亡时,在"试图拒绝死亡"的生存欲求的命令下本能地采取的态度。当一个人的生存欲求受到威胁时,即使自己死不了,也不想看到别人的死,这就是来自生存欲求的指令。也许只有这样,才能从"死亡"这一事实中转移目光,在生存欲求的指令下继续活下去。这就是现代人对待死亡的态度的由来。

接受悲伤的三种态度

在这一小节里,让我们一起思考一下,怎样才能接受亲人离世时的悲伤。我觉得生物对待悲伤的态度,无非有以下三种:

第一种态度是强势地去抑制悲伤的感情。自己对自己说,我一点都不悲伤,我没有受到丝毫负面的影响,也就是强迫自己掩盖悲伤。但这种方式往往会在今后的日子里给自己的身心带来强烈的负面影响。

第二种态度是悲伤时就好好悲伤。这是一种西洋式的做法,被称为"grief care"。悲伤的时候就放声大哭,彻底地把悲伤的情绪尽情地释放出来。据说这种对待悲伤的态度反倒更有利于情绪的恢复。

第三种态度是释迦牟尼佛祖所主张的态度。佛祖的主张很简单——接受"正在发生的事情"。每个人都会有面临死亡的那一天,所以无须悲叹,只要接受,简单地接受事实就可以了。佛道就是这样，不主张用泪水来面对死亡。

可能对于那些没有过佛道修行经历的人来说，要像释迦牟尼佛祖那样做到淡定从容地接受死亡，不是那么容易的。可是，大家都知道，为一个已经逝去的人悲痛不已，以至于伤了自己的身体，逝去的人也不可能复活。

在佛教经典《经集》中，有一段经文告诫我们："我们总是被'死亡'这支利箭射中。如果拒绝接受死亡，不停地痛苦悲叹能带来任何好处的话，那大家就悲叹好了。可是，悲叹不仅伤害自己的身体，还会伤害我们的心灵。"

可能不仅仅限于日本，在世界上任何一个国家，当亲友离世时，痛哭流涕的人往往会被认为是温存善良的好人。在韩国，有专门以在葬礼上号啕大哭为职业的人。面对亲人的死亡，号啕大哭、悲痛不已才是正常的。这点似乎是全世界的共同认识，就像空气一样，大家都觉得习以为常，理所当然。

在这样的社会氛围下，面对亲朋好友的离世，不哭不闹，微笑从容面对的人很容易就会被认为是薄情的人。

人们普遍认为在葬礼上不哭的人就是薄情的人，而且在心理上也都希望自己死后，周围的人都能悲痛不已，伤心欲绝。其实这就是以自我为中心，也就是自尊心的表现。如果自己离开人世时，周围的人一滴眼泪都不掉，人们就会觉得自己根本不受重视，自尊心就会因此而受创。

而在这种自尊心的作用下，希望周围人为自己痛哭，就相当于希望周围人为自己受苦。人们认为在自己离开人世之后的一天、两天，甚至在相当长的一段时间内，周围的亲朋好友为自己伤心痛苦是理所应当的事情。而众所周知，悲伤过度往往会对身心造成严重的伤害。

"人死＝就应该悲伤"，迄今为止将这一观念根植于脑海里的人，有没有想过质疑这一观念？有没有扪心自问过，这种想法的背后是否潜藏着自己狂妄的自尊？在葬礼上不哭的人就是薄情的人，这种认知早该被扔到垃圾桶里了。

在他人的死亡面前，首先要接受自己悲伤的心情。虽说人都难免一死，这点大家都心知肚明，但真的到了生离死别的那一刻，内心总是会觉得难以接受，会感到悲伤。接受这样的自己，这其实和"grief care"是同一个道理。

另外,还要接受这样一个事实,每个人都会在各种"业力"的作用下逐渐走向死亡,包括那些不可思议的离奇死亡。要认识到这一切都是每个人的宿命,要用这样的心态去接受。这样想,就可以在一定程度上缓解内心的悲伤,减少对身心的伤害。

把"逝去的人"当作死亡的教材,让自己的心灵在审视死亡这一事实的过程中成长。逐渐地,自己就会变得更加坚强,能够从容淡定地面对今后人生中发生的一切,如果能达到这样的境界那就更好了。

把悲伤当作成长的食粮,这种态度对于逝去的人也算是一种"饯行"。

释迦牟尼佛祖面对任何事情都不会掉眼泪

我们在上一小节中论述了释迦牟尼佛祖关于死亡的教诲。其实，释迦牟尼佛祖不仅仅是面对死亡，面对所遇到的一切问题都能做到不掉一滴眼泪。

比如说，人们对于自然和艺术，会追求"美"，追求一种感动。

人们会在壮美的自然景观面前感叹，会在参透人类内心世界的绘画作品面前长久地驻足。其实不仅仅是绘画、音乐、文学、电影，所有美的事物都会震撼人们的灵魂，让人们驻足感叹。这也是人的习性，虽然每个人的喜好不同，喜欢的程度相异，但对艺术的追求之心，每个人或多或少都会有。

而释迦牟尼佛祖眼里所看到的世界却是——"艺术＝人为"，再美也没有任何意义，甚至可以说连最美的"大自然"也是没有任何意义的。因为艺术也好，自然也好，人类也好，还原到原子的层面去认识的话，都是一样的。人们眼中所看到的美和丑，如果分解成原子就不存在任何差异了。一切都是在"诸行无常"中时刻变化着的。

我们给身边的事物贴上各种美和丑的标签。我们追求美，执着于美，而这些"美"在释迦牟尼佛祖眼里，都只不过是"虚无"的存在。佛祖不会对这些"美"做出任何反应。佛祖告诫我们，要认识到这一切"原来是这么回事儿"，并接受这些事实。这样的心态很重要，这也是通往大彻大悟的必经之路。

年轻时就要开始培养对死亡的心理准备

刚刚我们聊了些大道理,现在回过头来围绕"平常心的功课"这一主题继续。我觉得有关面对死亡的心理准备,最好尽可能从年轻的时候就开始。为了能让我们平静从容地迎接死亡,最好尽早培养接受死亡的良好心态。

当一个人进入六七十岁的时候,人生余下的时光可能也不多了。这个时候再学习佛道,尝试着培养心态迎接死亡,就有点太晚了。当然,每个人都存在一定的差异,不过对于大多数人来说,随着年龄的增长,能够理性淡定地接受死亡的可能性会变得越来越小。与其有一天忽然要被迫面对死亡,不如每天都做平常心的功课,不断地修炼自己面对死亡的心态。

这里需要强调一点,接受死亡本身,与担心自己老年之后的事情完全是两回事儿。最近几年,受日本经济不景气的影响，越来越多二三十岁的日本年轻人开始担忧自己老年之后的事情。有一本非常畅销的人气漫画叫作《可以不结婚吗——小斯的明日》，里面有个三十多岁的女主人公。这部漫画从头到尾都充满了未雨绸缪的基调。主人公小斯经常会为自己老了以后的日子担忧，比如说现在的年收入够不够将来交老年公寓的费用之类的。

我不是不理解类似的担忧，但这样的担忧没有任何意义，甚至可以说对于心灵来说是有害的。这是一种对衰老的抵抗，想象着自己老去的样子并预先在心里埋下恐怖的种子。这样的心态只会增加抵抗现实、逃避现实的负能量。

即使老年公寓的费用有着落了，如果得了重病，医疗费也是一笔巨款。即使金钱上完全没有问题，依然要担心老了之后由谁来伺候自己的问题。类似的担忧是没有穷尽的。仔细审视这些担忧的本质，其实就是"不想变老""不想生病""不想死"之类的生存欲在作怪。

如果在年轻的时候就被这些担忧所束缚，等到我们真的老去的时候，迎接死亡的过程中就要品尝各种痛苦的滋味。人生最后的时刻，很可能会出现痛苦的"雪崩"。

所谓接受死亡的平常心的功课，就是每天至少要告诉自己一次，"我正在慢慢变老"。看到自己脸上长皱纹了就对自己说："啊，皱纹越来越多啦，我确实在慢慢变老，在慢慢接近死亡，我必须接受这样的事实。""虽然这种感觉让我很郁闷、很不爽，但这些感受都只不过是在盲目的生存本能的作用下才产生的。如果任由其发展，必定会不断增加痛苦，还不如接受事实。"每天都对自己说一遍类似的话，让心态朝着这样的方向发展很重要。

如果我们每天都能多次重复这样的心灵功课，老年之后就能拥有一个从容安定的精神状态。

坚持让自己的心灵做"接受死亡"的功课，不仅有利于老年之后的心态安定，在日常生活中也会显示出不俗的效果。比如说，当你无论如何都想实现某个愿望的时候，当你无论如何都想做成某件事情的时候，你经常会因为过度紧张兴奋，反而把事情搞砸。

这时候，经常做"接受死亡"心灵功课的人，就比一般人更容易让自己冷静。"那个人也死了。那么了不起的一个人都死了，我早晚也会那样死去。"有了如此深刻的心得体会，你就会想：这种事情值得如同面临死亡般紧张吗？至于为这点事情吓得瑟瑟发抖吗？这个愿望值得我如此渴望吗？于是，你很快就能恢复平静，也就是回到平常心所应有的状态。

我们在和各种事情打交道的时候，应该不固执、不贪恋，能经常意识到："我也难免一死。你也难免一死。死的时候，什么都带不走。迄今为止所积累的，最终都无法带走，人生不过如此。"当然，这不是说我们要对工作敷衍搪塞，而是用一颗平常心来从容地投入工作，这样反而能让事情的进展变得越发顺利。这就是我想要告诉大家的。

越是讨厌，衰老越是会加速

人类的细胞，真的是从诞生开始就会迅速崩坏，走向死亡的。旧的细胞死去之后，在原细胞的信息基础上，很快就会形成新的同样形态的细胞。我们的身体，从整体上似乎看不出有任何变化，但如果通过冥想，从微观的层面来认识的话，我们会发现其实细胞一直在以激进的速度不断地重复着新陈代谢的过程。这也是一种让我们感受"诸行无常"的方式。

不过，我们身体的新陈代谢，不会让新细胞变得和原有细胞完全相同。新细胞在读取原有细胞信息的同时，会略有变化。或者变得比之前的细胞稍微更有活力一点，或者变得比之前的细胞稍微更慵懒一点。这种细胞层面的变化是因人而异的。即使是同样的人，也必定会受到当时周围环境的影响而产生不同的变化。从佛道的角度来考虑影响细胞新陈代谢的因素，主要有以下四项：

①过去的"业力"

过去或好或坏的感情都会影响细胞的新陈代谢。

②新的"业力"

细胞新陈代谢时的心理状态是从容开朗还是阴暗苛刻。

③食物

吃的食物也会影响细胞的新陈代谢。

④"时节"

当时的天气、温度等环境因素，甚至当时的呼吸状态、呼吸方式和吸入的空气质量都会影响细胞的新陈代谢。

我们人体的细胞就是在上述四个因素的影响下进行新陈代谢的。当然，这四种状态都非常好的人，老化的速度就比较慢。那些长寿的高僧，无论什么时候看起来都比实际年龄年轻，可能就是因为他们这四个方面的状态一直都保持得非常好。

不过话虽这么说，任何一位高僧最终都难免一死。他们和普通人一样，会一天一天地老去。我觉得高僧和普通人最大的不同在于，他们能做到用一颗平常心接受自己的衰老和死亡。

最具讽刺意义的是，越是对衰老和死亡表现出厌恶和惧怕，二者就会离我们越近。因为当我们感到厌恶、担忧和恐惧时，我们的身心就会处于压力巨大的状态。在这种状态下，细胞的新陈代谢肯定会受到不好的影响。

比如说，有的人非常讨厌掉头发。这些人每次掉头发的时候都会对自己嘀咕："真讨厌，周围人会怎么看我！"他们越是不愿意接受掉头发的事实，在心理压力的作用下，头发越是掉得厉害。如果他们能换个思路，告诉自己"头发就是自己身体的一部分，有点损耗是很正常的。头发早晚都会掉的。掉头发说明我距离死亡又近了一步，接受这样的事实吧"，心态就会变得很平和。只要饮食生活不至于过度紊乱，掉头发的症状就会有所缓解。

诸如长皱纹啦，长雀斑啦，腹部长赘肉之类的烦恼，其实都是人体逐步老化走向死亡的必然表现，接受就好了。作为接受死亡的功课,一定要经常有意识地提醒自己:"人就是这样一天天地慢慢老去,逐渐走向死亡的,接受这个事实吧。"这种方式可以让自己的心态稳定下来,这点非常重要。这就是每个人都可以做到的让自己接受死亡的功课。

接受疾病的功课

接受死亡的功课，不仅仅是指接受自己身体的逐渐衰老，还指接受身边所发生的"生老病死"。其实我们身边有很多做这个功课的机会。

比如说在夏末秋初，我们经常会遇见蝉的尸骸。这个时候，我们就可以对自己说："就像这只蝉一样，我早晚有一天也会死。"用这种方式来训练自己接受死亡。

有的人看到死去的蝉的躯壳，并不会觉得有多大的感触。而当遇到自己最心爱的宠物或者是最爱的人死去时，每个人都会陷入深切的悲伤之中。其实越是这些时候，越是要对自己说："连他（她）都死了，我也肯定会有死的一天。"让自己接受这样的事实。如果能够通过别人的死来让自己变得更加坚强，这也算是对逝者的一种尊重。

还有，亲朋好友得重病的时候，除了伤心难过，我们也可以借机训练自己接受"生老病死"人生四苦。

有的人探病的时候喜欢一个劲儿地表示同情，不停地说"哎呀，你真可怜，太可惜了"之类的话；有的人喜欢鼓励病人，动不动就轻易地说"没关系，肯定能治好"。其实这些做法都不如淡定从容地去面对对方。当一个人生病的时候，如果周围的人都表现出过度的悲伤和同情，就会打乱病人好不容易才安定下来的平常心。因为他人的神情、态度和意见对我们自身的影响力，有时会远远超乎我们的想象。

比如说有关朋友的事情，随便有个人对我们说一句，"那家伙其实是个××"，虽然我们并未亲自确认过，但我们很容易就会开始对被说的那个人抱有一定的偏见，从此以后就可能会戴着有色眼镜看那个人的一举一动。

再举一个例子。电视的娱乐节目或者周刊中，曝光了某演艺界明星的丑闻，我们对这位明星的好感可能一下子就没了，甚至从此以后就开始变得厌恶这个明星。

病人也是同样的道理。来自周围的同情、怜悯，以及周围人对病情的抗拒态度，都会传染给病人。于是，病人就会变得更加不愿意接受自己的病情了。

我们经常会遇到一些好心的亲友无意识地通过无谓

的担忧来给病人"洗脑",拖病人的后腿。我觉得这点应该引起注意。你可以对病人说:"你得病了,任何人都有可能得病。这就是事实,接受事实吧。"让病人发自内心地接受自己生病了这一事实,用一颗平常心来对待病人,这点对于病人的康复非常重要。

护理中应该学习的要点

说起接受衰老这一功课,同样适合阿尔茨海默症患者身边的亲人,以及负责护理这类患者的人。一定要不断地提醒自己:"人就是这样,会一点点地老去。"做到了这点,无论是被护理的人,还是负责护理的人,都会更容易保持一颗平常心。

阿尔茨海默症患者未必完全都对周围的情况一无所知,有的阿尔茨海默症患者的大脑还可以正常运转,甚至有的还清醒地知道自己生病了。对于这样的患者,周围的亲人绝对不能大声呵斥他们,"别老傻乎乎的,快振作起来"。因为这类患者有的本来就难以接受患病的自己,再遇上如此带有歧视性的呵斥,自尊心就会大受伤害,甚至会被激怒,会强烈地去否定这一事实。经常会有阿尔茨海默症患者与身边的护理者因为情绪激动而发生冲突。

如果发生冲突，无论是对于护理者还是被护理者，都是一种不幸。其实护理者可以告诉自己："对方让我明白了什么叫老去。"用这种心态去对待阿尔茨海默症患者，被护理的一方也就能保持相对平和的心态，愿意接受自己衰老的事实，愿意接受需要护理的自己，也因此能对照顾自己的人怀着一颗感恩的心，在幸福与平和中度过晚年。

积极地通过自己和身边的人与事，来创造帮助自己认识"生老病死"的机会，这样的心态非常重要。

如果不抓住这些机会，动不动就表现出厌恶和抗拒，内心就会留下巨大的阴影，这点尤其需要引起注意。越是觉得厌恶越是会在记忆中留下深刻印象，最终变得越来越难以摆脱这些记忆的诅咒。"生老病死"毕竟是任何人都难以避免的，厌恶也没有用，留在记忆里的深刻烙印反而会让自己作茧自缚。

围绕"生老病死"，"接受"与"厌恶"这两种心态之间存在着巨大的差异。"接受"对平常心会产生巨大的积极作用，而"厌恶"则会带来强烈的负面作用。"厌恶"的"业力"一旦积少成多，早晚要自尝恶果的，那就是自己被自己的记忆所束缚，所诅咒。

告诉自己"算了吧"

在本章中,我们论述了用一颗平常心来对待"生老病死"的意义所在,以及面对"生老病死"所应该持有的心态。要想培养平常心,首先需要接受"死亡",而"接受死亡"的功课是不可或缺的。如果偏离了"接受死亡"这一根本,平常心也就无从谈起了。

有了一颗平常心,在日常生活中就不会特别执着地痴迷于某些人和事,也不会极端讨厌某些人和事,就不会让自己承受过多的心理压力。多巴胺也好,去甲肾上腺素也罢,当这些相对应的神经反射被激活时,平常心就会冒出来对自己说"算了吧,就是这么回事儿",从而起到一个缓冲的作用。我们要学会经常对自己说:"算了,就是这么回事儿",保持这样的心态很重要。

释迦牟尼佛祖在很多经典语录中都强调过平常心的重要性。他曾说:

你们这些弟子都给我听着,当别的流派的宗教家和信徒们称赞我们的时候,我们不用太在意。因为喜悦会冲昏我们的头脑,让我们无法再做出冷静的判断。

还有,你们这些弟子给我听着,当你们的师祖,也就是我,遭遇到诽谤甚至诬蔑时,你们完全没有愤慨和反驳的必要,置之不理就好了。因为诽谤是理所当然的存在。

释迦牟尼佛祖的这些告诫,都是从自身的体验和经历中感悟到的。佛祖自己在传教的过程中,就曾经遭受婆罗门教等其他流派的诬蔑和刁难,这段历史在很多佛教经典著作中都有所提及。

翻看那些佛教经典,我们能够深刻体会到,从释迦牟尼佛祖所生活的时代到现代社会,人类一直被各种烦恼和痛苦所困扰,而这些烦恼和痛苦的本质并没有多大的变化。

在虚无的自尊心的作用下,别人的几句诽谤和诬蔑就会使我们的自尊心大受伤害，于是沮丧、沉沦，或者被激怒。然后每天都在焦躁不安和愤愤不平中度过。这时候我们就有必要提醒自己，"早晚有一天我也会死的"，于是很快我们就能找回平常心。遇到不如意的状况时，告诉自己，"算了吧，就是这么回事儿"，于是很快我们就能振作起来了。

"爱别离苦""怨憎会苦""求不得苦""五蕴盛苦"——面对无处不在的"苦"，首先要接受"苦"是理所当然的存在。当你开始认为这是理所当然的存在时，你就会变得轻松，痛苦也就变得不再那么痛苦。虽然所有的痛苦不至于全部消失，但痛苦的数量和程度会减少，这就已经走上了通往幸福的道路。

记住，用一颗平常心来接受任何事情。接受人、接受事，包括接受自己的弱点，一切都要低调地去接受。这样就能减少痛苦，在平静中度过幸福的一生。

本章小结

"不想死"的生存欲求是痛苦的源泉

如果你拒绝死亡，痛苦就会一直持续

人死的时候，能带走的只有"业力"

业力 = 所有念想的能量总体

总结

每天做一次接受死亡的功课

无论是面对自己的衰老和死亡，还是面对别人的衰老和死亡，都要借机告诉自己，"人就是这样逐渐走向死亡的"，

这就是接受"生老病死"的功课

别 烦 恼 啦

第五章

有助于培养平常心的日常习惯
——不着急,不放弃

从"必须这样做"的状态中解放出来

在本章中,我们将着重介绍一些日常生活中简单易行,有助于培养平常心的小习惯。

正如我们之前所论述的,在我们人类的日常生活中,有很多行为都是因为受到了欲望的多巴胺神经反射和去甲肾上腺素神经反射的支配。当多巴胺神经反射被激活时,我们就会非常想要某样东西或者巴不得马上去实现某个愿望。而当去甲肾上腺素反射被激活时,我们就会产生强烈的厌恶情绪,想要破坏,或者逃离。而无论是强烈的渴求还是强烈的厌恶,都会在记忆里留下深刻的烙印。然后,我们就会被这些记忆(也就是"业力")所束缚。结果,欲望变得越来越强烈,以至于难以抑制。而强烈的厌恶感和不自信会让我们做事情动不动就想放弃。于是我们的人生就会变得永远都无法摆脱各种痛苦。

远离"渴求",远离"厌恶"与"愤怒",远离这些负面情绪共通的"目的意识",有助于切断这一系列的连锁反应。"渴求"以"到手"为目的,"厌恶"与"愤怒"则以让自己讨厌的对象消失为目的。从"达到目的"这点来说,二者是共通的。

因此,我们要让自己从那些会令我们感到紧张的大脑指令中解放出来,从各种必须达到的"目的"和实现的"目标"中解放出来,把心态切换到轻松愉悦的模式中。我们经常会在日常生活中围绕着各种"目的"和"目标"来行动:工作上,必须在某月某日某个时刻之前完成某项任务;生活上,我们希望自己成为这样的人,不希望自己成为那样的人。几乎我们所有的行动都是有"目的"、有"目标"的。但"目的"总是面向未来的,所以相对来说,就会感觉现在是尚未达到"目的"的无聊时光。于是,压力就在不知不觉中产生了。因此,在日常生活中,多采取一些"漫无目的"的活动,拥有一些与"目标"无关的时间,对于平常心的培养是一种非常有效的重要方式。

目的意识容易把我们的注意力瞬间拉向未来,以至于我们忽视现在。为了把我们的心重新拉回到现实,很重要的一点就是我们一定要有"珍视现在,享受当下"的意识。即使我们原本打算把注意力都集中到眼前的事情,但正如我们之前所论述的,我们总是会被记忆所牵绊、所诅咒,我们的思路总是会不断地跳到别的事情上。所以我们要意识到我们是有这样的习性的,不断提醒自己把注意力集中到手头正在做的事情上。有意识地训练自己学会"感受此时此刻",可以帮助我们逐渐从记忆的束缚中解放出来。

冥想时间

为了让自己从"目的"和"目标"中解放出来,在日常生活中给自己保留一定的冥想时间,这一招非常有效。每天早、晚,为自己留出哪怕十分钟的冥想时间,当然是非常好的习惯。其实上下班坐车的时间也可以用来做冥想。如果是挤地铁和公交,站在那里摇来晃去的话可能比较难实现冥想,但如果有座位的话,就完全可以把这段时间用来练习冥想。

冥想的时候,我们之前介绍过,首先要把意识集中到"呼吸"上,这一招很有用。没必要每次都做深呼吸或腹式呼吸。不会双跏趺坐(俗称双盘——先将左脚掌置于右大腿上,后将右脚掌置于左大腿上)的人,单盘腿也可以。无论什么时间、场合,只要是坐在椅子上就可以冥想,具体怎么个坐法是无所谓的。

姿势上要保持放松不紧张,把肩膀的力量下沉,但绝对不能彻底放松以至于弓腰曲背。把背部挺直,保持自然放松的体态就好了。

眼睛可闭可睁,眼睛睁开的时候可以是半睁的状态,把视线落到鼻尖上。

如果睁开眼睛会让自己无法平静下来,那就把眼睛闭上好了。但如果闭上眼睛睡着了,那就不是冥想了。

最重要的是保持放松的状态,把意识集中到呼吸上。把意识专注于平常不在意的呼吸上,用心感受空气的流动。感受吸入的空气通过鼻腔直达肺部,然后把从肺部呼出的空气通过鼻腔呼出体外。感受随着呼吸的节奏,腹部时而膨胀,时而收缩。

在呼吸的过程中,好好地感受"此时此刻"这一瞬间。把意识与呼吸相连接,不要再去想"那项工作还没完成""这个上司真是太讨厌了""很想一醉方休",让自己的意识稍稍远离各种各样的念头和记忆。比如说,各种念头夺走了大约百分之七十的心思,那就留百分之三十用来单纯地感受呼吸。如果一下子就要求自己必须把百分之百的意识集中到呼吸上,这种目的意识就会唤醒欲望,产生逆反作用。只要留一部分的意识在呼吸上就够了。

就那么慢悠悠地，无所渴求地，感受呼吸。

当然，刚开始练习的时候可能会比较难进入状态。尽管你力图把意识放到呼吸上，但各种念头不断涌现，一不小心又走神了。但这没有关系，发现自己走神的时候，承认自己对那件事很在意，接受这样的现实就好了。不要认为"无法集中意识呼吸的自己是不行的"，不用为此而烦躁苦恼，也不用特意去扑灭那些杂乱的念头。发现自己走神了就接受走神的事实，再把意识拉回到呼吸上来就好了。即使混杂了很多"思考"，但只要确保其中包含了一定的"感受呼吸"的时间就可以了，思考走神的时间会自然而然地逐渐减少。

不断重复这样的练习，意识与呼吸相连接的时间会逐渐增多。如果无法让自己一下子平静下来，脑海里千头万绪，烦躁不安，那就接受这样的自己，告诉自己，"是啊，我现在确实很烦啊"，接受自己就好了。

冥想注意点——不要为心灵的垃圾而慌张

冥想时需要注意的是，一定要等内心平静后再开始冥想。冥想的过程也是培养平常心的过程。冥想时，过度的兴奋和烦躁，都会影响冥想的顺利进行。

首先，整理心绪，让自己平静下来。要认识到自己正处于兴奋状态中，并接受这样的状态，把自己拉回到平常心的状态之后再开始冥想。

因为冥想是审视自己内心的修行，所以最初要把大部分精力用于把意识集中到呼吸上去。但在这个过程中，我们可以逐渐看清自己。

也就是说，在冥想的过程中，我们可以看见自己内心积存的"垃圾"。你会意识到"原来我的内心已经堆满了'垃圾'"。如果在心绪混乱的状态中开始冥想的话，就如同在垃圾满天飞时很难看清垃圾的真面目。

因此，首先要让内心平静下来，让心灵的"垃圾"都先落地了再开始冥想,这样才能发现"垃圾"。当然,"垃圾"只是被发现了,并不是说马上就能减少。不过,在发现"垃圾"、凝视"垃圾"的过程中,"垃圾"会逐渐减少。

这里所说的"心灵垃圾",是自己的内心世界中连自己都厌恶的部分,也算是一种"业力"。我们刚开始想要通过冥想来培养平常心,却发现自己身上原来有那么多不愿意面对、不愿意承认的,连自己都厌恶的部分。也就是说,冥想的过程虽然说是培养平常心的过程,但在这个过程中很容易因为发现自己身上那些连自己都讨厌的部分而失去平常心。

为了避免出现这样的后果,冥想过程中,下述三点非常重要:

①留意自己内心真实的状态
②把注意力集中到内心的状态上(其他的一切全部无视)
③用平常心冷静地面对一切

留意,集中注意力,每一个环节,都用平常心来对待。

我觉得这里最容易被遗忘，也是我认为最重要的是"③用平常心冷静地面对一切"。如果没有平常心这一前提，冥想不仅没有益处，反而会带来伤害，冥想的过程也很难顺利推进。

伤害就是刚刚我们论述过的，看到自己内心所积存的"垃圾"，产生厌恶的感觉，从而失去平常心的状态。比如说，原本打算客观地观察自己烦躁不安的状态，实际上却因为自己觉得这种状态很不好，动了想要消除这种状态的心思，结果就造成了平常心的失衡。想要抑制自己烦躁不安的心，最终反而更加扭曲了心灵。

还有一种状况是，通过冥想消除了自身的一些痛苦，于是就兴奋了，想要消除更多的痛苦，想要更多地通过冥想来让自己保持心情舒畅，以至于最终失去了平常心。"想要更多更多"，我们会在冥想的某个阶段被这种欲望的条件反射所支配。

前一种状况在冥想的初期很容易发生，后者则容易发生在冥想的中期，两种状况都是因为失去平常心妨碍了冥想的顺利进行。可见在佛道修行中，平常心是多么重要。

"七觉支"的教诲

佛道里有种"七觉支"的说法,说的是要想达到大彻大悟的境界,有七个要点非常重要。详细内容会在本人的另一部作品《佛道超入门》中加以论述,这里只做简洁的概述。

①念觉支＝留意自己的心灵和身体的细部正在发生什么

②择法觉支＝认识无常·苦·无我的法则

③精进觉支＝斩断内心的乱麻

④喜觉支＝冥想过程中涌现出的喜悦感,会让身体变得更有精神

⑤轻安觉支＝冥想过程中抗重力开始起作用,身体变得轻松

⑥定觉支＝精神统一后产生的强有力的注意力集中状态

⑦舍觉支＝不以物喜，不以己悲的平常心

第七点平常心，说的是如果其他几项全部做到了，但如果不够冷静的话，还是不行。如果没有平常心，即使按照正确的指导修行，也很难达到大彻大悟的境界。

因此，冥想过程中无论遇到什么状况，都要时刻注意保持"平常心"，不要进行任何或好或坏的评价。"就是这么回事儿""还是算了吧"，学会用这样的心态冷静地对待一切。当内心平静下来时，接受所看到的、所感受到的一切，不要对所有的感受做出任何带感情的评价。

冥想和精神医学领域的认知疗法有相通之处。认知疗法，是通过客观了解自己在认知上的毛病，从而改变认知方式，让自己逐渐掌握更加适应社会的思考方式。

对于那些对任何事情都持悲观态度，容易得抑郁症的人，医学上会通过认知疗法来进行指导。比如说，把自己此刻的悲观想法都写出来，然后把有可能不是这样的想法也都同样地写出来。通过这种方式把自己头脑里的认知写在纸上进行梳理，从而认识到自己在认知上的偏差，并逐步矫正。

佛道的冥想也和认知、发现的过程一样。不同的是，冥想不仅仅是针对思考方式，甚至连平常都很少意识到的自己的记忆（"业力"），以及身体内部深处潜藏着的潜意识，都会在冥想的过程中被发现。发现身上那些自己曾经毫无知觉的"业力"，这就是冥想所能够做到的。

而佛道，与其说是改变认知方式，让其更加适应社会，不如说是通过接受自己内心的状态来缓解痛苦。没有特意带有"更加适应社会的认知"这一明确的"目的"，只是通过认知和接受的过程来逐渐减少痛苦。

回到有关冥想的实践方法的话题，我还是强调一定要时时刻刻注意保持平常心。

在冥想的过程中，一旦失去平常心，发现自己已经有了"想要这样做，想要那样干"的念头，最好先停下来，只是单纯地感受呼吸，找回平常心的状态之后再继续冥想。

在冥想的过程中，要接受无法集中注意力的自己。

在冥想的过程中，如果发现了让自己讨厌的自己，不要惊慌，接受这样的自己。

在冥想的过程中，即使痛苦消除了，也不能太兴奋，要冷静地接受这样的效果。

吃饭也可以当作培养平常心的功课

　　培养平常心的一个很有效且每天都可以进行的功课就是吃饭。无论我们有多忙,每天都肯定是要吃饭的。可能有些人有的时候会因为实在太忙了,没时间吃午饭,但几乎每天都会进行"吃饭"的过程。吃饭,其实是日常生活中一个非常宝贵的修行机会。

　　那么,生活在现代社会中的我们,大多数时候都是怎么吃饭的呢?

　　我认为现代人的吃饭行为,是在多巴胺神经反射的强力支配下进行的。也就是说,我们不是按照身体真正需要的营养在摄取食物,而是在大脑内所分泌的多巴胺的指令下追求"快感"。我们经常会处于"我还想吃,我还要吃"的状态。也就是说,与快乐相伴的痛苦,就是与"快感"紧密相连的"不满足感"在不停地催促我们快继续吃。

还有种情况，就是我们之前所论述过的那些总是被自己记忆中的美味所束缚的人，他们很多时候根本就无法真正享受眼前的食物。

为了追求"快感"而大快朵颐的时候，我们的身体处于什么样的状态呢？在大脑的指令下，血压上升，呼吸变得急促，吃得着急忙慌的。于是我们变得没有耐心细嚼慢咽，开始变得狼吞虎咽。

在这种进食方式下，大脑内充满了饥渴被满足的快感，而身体却在遭受伤害。原本慢慢地吃一碗就够了，却在慌乱中吃了三大碗。这种进食方式给肠胃等消化器官造成了沉重的负担。

暴饮暴食以及之后出现的厌食症，这类"进食障碍"已经成为现代日本人的一个很大的健康问题。很多人虽然还没严重到出现进食障碍，但多多少少都有暴饮暴食的经历和习惯。本该是已经从饥饿中解放出来的现代日本人，为什么还要用这种受虐般的饮食方式来折磨自己呢？原因就在于我们的神经反射的基本设计就是以饥饿和不满足为前提的。

我们的大脑，当从味觉上感知到含有脂肪、糖分、蛋白质的食物信息时，就会开始分泌多巴胺并产生快感。这原本是那些总是处于食不果腹状态下的我们人类的祖先，为了确保卡路里的获得，而在长期的进化过程中所形成的本能。

不过现代社会如此食物泛滥，除了油脂和糖分，还有很多更能带来快感的食物。无休止的快感会一直不停地刺激我们的味觉。

而这里最致命的一点在于"快感"不等于"满足"。不停地吃吃吃，多巴胺的构造决定了生物体必然会产生对"快感"的耐性，于是同样的"快感"无法再次带来同样的满足感，反而让自己不断陷入更深的痛苦中。于是，以"不满足"为前提而进化形成的多巴胺的神经反射原理已经无法应对日益丰富的物质社会，反而陷入了自我破坏的恶循环。

还有，很多现代人有严重的精神饥渴，很容易产生通过进食来消除精神饥渴的冲动。

当人们感到压力巨大时，感到烦躁不安时，就容易通过胡吃海喝来暂时忘却烦恼，直到实在吃得太多了，难受得不行了才肯停止。很多人就是用这种暴饮暴食的

"痛苦"来掩盖之前的压力和烦恼,不断让自己陷入痛苦的恶性循环的。

这种恶性循环不仅限于饮食、酗酒、赌博,凡是容易上瘾的毛病都是这个道理。

咀嚼距离冥想已经很近了

那么，到底要怎样做才能让自己从痛苦中解脱出来呢？其实很简单，只要让自己不停地重复咀嚼的动作就可以了。在欲望的作用下，内心会忍不住想要把下一口食物尽快往嘴里送，所以要把心思专注于此时此刻的咀嚼行为。前面我们也论述过，重复毫无意义的动作能够让内心安定下来。所以，让自己的咀嚼行为远离目的意识，不断地重复，这种方式具备有效的镇静作用。

我们从小就经常听大人们说，"每口饭都要至少嚼三十次"。我们倒没必要过度拘泥于咀嚼的次数，而是一定要把心思放在咀嚼这个行为本身。

送进嘴里的食物不断地与舌头接触，好好感受食物对味蕾的刺激。食物一点点地被嚼碎，混杂在唾液里，唾液中的淀粉酶开始分解食物，让嘴巴充分发挥"第一消化器官"的作用。

当你意识到这些环节，集中所有的注意力专注于此时，就可以通过咀嚼这一行为自然而然地产生平常心，并摆脱记忆的束缚。在用心咀嚼、充分咀嚼的过程中，血清素的分泌水平不断提高，就能进入"乐"的循环。

我在自己的寺庙和文化中心，有时会带着学生们一起做"进食的功课"。就是把一般男性几口就能吃完的蛋糕，花上二十到三十分钟时间，一口一口地细嚼慢咽。每一口蛋糕、每一次咀嚼，都要用心去体会。

这样一来，小小的一块蛋糕，能让大家感受到迄今为止似乎尚未感觉到的饱腹感，其效果足以让所有人感到惊讶。有几个人甚至吃到一半就觉得饱了，以至于很难把整块蛋糕全部吃完。

在咀嚼时，有关正在咀嚼的信息会全部毫无省略地一一送至大脑。随着信息量的增加，负担会越来越少，肠胃的营养吸收也会得到加强。比如说，当我们吃比较硬的莲藕时，刚开始可能会觉得很难嚼，如果慢慢来，让唾液充分地分泌，咀嚼的过程中，我们就会觉得莲藕变软了、变甜了。而其中所含的食物纤维，经过咀嚼之后，舌尖依然能感受到。我觉得，当我们好好体会进食过程中的各种信息，一边将这些信息输入大脑，一边咀嚼时，我们的消化吸收就会变得更好。

如此说来，其实吃饭也可以成为一种冥想修行，成为一种通往"乐"的状态，培养平常心的很好的练习机会。而现代人往往为了追求"快感"，不怎么好好咀嚼就咽下食物。可以说，正是对"快感"的无止境追求让我们一而再，再而三地失去了通往"乐"的机会。如果你难以保证每顿饭都花上三十分钟去咀嚼，那么一天一次，甚至只是周末也可以。尝试着在吃饭时，尽量把意识集中到咀嚼这一行为上。

还有，如果你有边看电视边吃饭，边读报刊边吃饭的习惯的话，请戒掉这些坏习惯。吃饭时，一定要把意识集中到咀嚼上。即使你无法做到完全把注意力集中到吃饭上，那你至少要改掉那些边吃饭边干别的事情的习惯。这样一来，你就会发现，当你吃饭时，你的心态变得比以前平和从容多了。

把意识集中到咀嚼上去，就如同把意识集中到呼吸上一样难，尤其是刚开始时，很难一下子就轻易做到。有时候即使我们已经明白其中的道理，还是会忍不住暴饮暴食。

这个时候最重要的还是要接受这样的自己。对于无法将意识集中于咀嚼的自己,要认识并接受。对自己说:"现在无法做到细嚼慢咽,心情有点烦躁。"接受自己的同时,实际上已经慢慢在找回平常心了。

让身体感觉到疼痛的拉伸

到这里，我们介绍了冥想和进食相关的练习。接下来我们再介绍些日常生活中可以做到的平常心的练习。

拉伸也是很好的练习，什么样的拉伸动作都行。比如说，坐在桌子前面，将两只胳膊肘向后拉伸，感觉肩胛骨的收紧。经常在电脑前面工作的人会感到肩膀疼，尤其是做这个拉伸练习时，肩膀拉伸到一定程度就会忍不住喊疼。

感觉到疼的时候，就不要再勉强自己继续去拉伸了。把注意力集中到呼吸上，想象着自己的呼吸正在逐步接近肩膀的疼痛处。然后呼气，在呼气时想象着气息正从肩膀朝着嘴巴的方向流动。通过把意识转向呼吸，让自己进入"乐"的循环模式，这个时候血清素会起到镇痛的作用。拉伸动作所带来的疼痛感就会有所缓解，再次拉伸时就会觉得更容易了。

重复这样的呼吸，有时也会感觉到肩膀一阵一阵地疼。无须为此而感到大惊或者大喜，只要认识到这点就好了。不要抱有"消除痛苦"的目的，只是去感觉疼痛就好了。吸气时感觉气流在流向疼痛的地方，呼气时感觉气流在从疼痛的地方流出，就可以了。

这种方式，有时能让身体的疼痛感瞬间消失。即使没能一下子消除痛苦，只要能用心去感受呼吸和疼痛，做到这点就已经是很到位的练习了。因为这期间，你已经开始逐渐远离"目的"和"记忆"的束缚。

客观地"书写"自己的状态

作为认知疗法的模拟方式,"书写"可能也是调整心态的一个很有效的方法。比如说,如果你最近感觉很烦,可以把今天一天,或者是这一星期发生过的,让自己感觉很厌烦的事情,一边回想一边全部写出来。

书写时,最重要的依然是平常心和呼吸。通过调整呼吸,保持平常心,回忆让自己感觉很厌烦的事情,把这些事情都写在笔记本或纸上。这个时候,书写的要点在于保持"客观性"。

如果你正处于激愤之中,呼吸比较急促的话,你很可能会想要写下"那家伙绝对不能原谅"之类的比较过激的语言。这时你就已经失去平常心了。

"对于他所说的某些语言,我在生理上产生了非常愤怒的反应",尽量用类似这样的第三者的客观性记述。然后,认可自己当时真的情绪非常不好的事实,并接受这样的事实。"自己内心的自尊,被自己都看不起的他愚弄,感觉很受伤。"如此这般,如果能做到冷静地认识并接受自己,那就更好了。这样一来,就不会被自己当时的感情左右,反而可以趁机认识一下自己为什么会产生这样的情绪,分析并接受自己的感情变化,以此来让自己平静。能驾驭自己感情的只能是自己。如果能接受这样的自己,就不会再陷入感情的旋涡,就能自己消除负面情绪,淡忘曾经那些激动与愤怒。

"书写"这种方式,不仅有利于让烦躁不安时的情绪稳定下来,在自己得意扬扬的时候,也同样能够让情绪平静下来。"为什么自己会如此飘飘然呢?是因为那项工作推进得很顺利吗?是因为大家都在表扬自己吗?自己的自尊心已经开始有些骄傲起来了。"如果能意识到这些,一般人就不会让自己的自尊心再度膨胀,也就应该能减少失败的结果。

"书写"这一方式,如果每天都能像写日记那样坚持下来自然是非常有效的。脾气暴躁容易生气的人,可以每天都把这一天让自己生气烦恼的事情一一写下来,一个月下来,大致就能客观地了解自己的情绪变化倾向了。

当然，出于种种原因没能写下来的时候，也要学会接受这样的事实。如果你开始写日记后，发现这种方式不适合自己，那就不要再逼迫自己去写了，断了也无妨。没有必要责备自己三天打鱼，两天晒网。只要接受"这种方式不适合自己"这一事实就可以了。

不适合写日记的人，也许可以坚持在田野里默默地耕作，或者是漫无目的地散步，以此来锻炼平常心的人大有人在。这类"漫无目的的重复"，有很多在日常生活中就可以进行，发现其中一种适合自己的练习方法就可以了。比如说去游泳池，来来回回反复地游二十五米。如果能摆脱记忆的束缚，那就去泳池游泳好了。

无论是书写、耕作、步行，还是去泳池游泳，请采用一种最容易让自己找到平常心的方式，尽量在日常生活中融入这样的练习，并坚持下来。

到这里为止，我们介绍了很多培养平常心的方法。而世上，无论做什么事情，总是会有一些人觉得"如果不能轻易地掌握，那就算了，我不想再做了"。还有的人，他们觉得如果不能做到完美，那就算了，不想再继续做下去了。

无法做到完美就不想做了，这也是一种"自尊心"的表现，因为无法接受不能做到完美的自己。

而事实上，即使做不到百分之百，哪怕是做到百分之三，甚至只有百分之二的时候能够保持平常心，人生也会因此而变得更加从容和充实。

戒骄戒躁，保持冷静，经常通过冥想和进食等方式，逐步改变自己日常生活的方式，平常心就会慢慢地培养起来。

当然，很多时候进展并不顺利。我们经常会不自觉地回到迄今为止的人生已经养成的固有思维方式、所积累的自尊心和"业力"上。

正因如此，才要每天都坚持，接受难以轻易改变的自己，用平常心来面对自己的内心变化。如此才能逐步地通过平常心来让自己的内心变得稳重，才能让自己更加从容地面对今后的人生。

不要追求完美的自己

我们之前讲过,所谓的平常心,并不是说不能让任何事情来扰乱我们的内心,更不是让内心变得坚固不变。重要的是,当内心摇摆不定时,能够通过灵活的调整来战胜这种摇摆,尽快让内心恢复到平静的状态。

当内心在"喜""怒""哀""乐"间摇摆波动时,如何找回平常心、如何面对眼前发生的一切,这里我们再加入一些新的要点并重新做一下梳理:

①把内心的重心放在感受呼吸上,减少被思考夺走的心思比例。让自己来调整自己的呼吸。当内心的重心放在呼吸上时,"乐"的状态就会得到强化,对于自己的感情,就能更加客观地去认识。

②远离目的意识,只是一味地重复单纯的

感觉。

③当内心产生波动时,不要去评价这种波动,而是要去监控。

④注意"诸行无常"。

我们经常会有犹豫迷茫、心绪凌乱的时候。"是继续留在这里工作呢,还是选择跳槽？""是用这个人好呢,还是另请高明？"刚刚做了"A"决定,几个小时后又改成主意"B",几天后又回到"A"的决定。我们在这种动摇之中做出了一些决断,并向他人传达了自己的意志,但很快又改变了主意。这种变化很容易导致我们的选择失败,并让我们为此而感到痛苦不已。当我们感到内心正在动摇时,可以这样告诉自己:"反正诸行无常,反正还会变的,虽然现在好像很想见那个人,不过还是先不要马上行动,保留意见,观望一会儿再做决断吧。"这种做法是最明智的。因为人的内心在 A→B→C→B→A→C→……如此无责任地来回变动时,从内心的生理构造上来说这是没有办法控制的。所以当内心在想"A"时,不要立马当真,当内心在想"B"

时也不要立马当真,告诉自己"反正想法还是会变的",接受并保留意见,这样就能保持住内心的平静,不轻易地乱做决定。

⑤意识到人早晚是要死的。

当我们的感情在欲和怒之间摇摆时,多半都是因为生存欲求在作怪。

我们在论述有关"生老病死"那一章中提到过,"反正注定是要死的,早晚是要老去的"。当你强制自己去意识到这点时,盲目的生存欲求就有可能会一下子平静下来,内心就会变得安定从容。"我要活下去,我不想死,我不想变老,我不想变得又老又丑……"当你有这些冲动时,要去抑制这些冲动,然后才能有余力来接受和调整与"自己"不一样的"他"。

⑥告诉自己快乐→苦的生理程序。

人的大脑内的快感物质一旦过度分泌,相应的受容体就会产生耐受性，之后反而会陷入更深的痛苦。所以你要经常提醒自己，"快感"是需要谨慎对待的，是很可怕的。当我们的大脑感受到"快感"时，同时也会给身体带来负担，而这实际上就是"痛苦"。告诉自己这样的事实，就能使自己不再一味地追求"快感"，让持续兴奋的内心能够变得稍稍平静一些。

本书到此为止，介绍了很多培养平常心的练习方法。对于这些方法，我希望大家不要只停留在文字的阅读上，而要在实际生活中坚持练习，就像体操一样，每天都去做，其真正的价值才能发挥。

拜托各位读者，请从现在开始把您的读书体验从"平常心的功课"转变成"平常心的体操"。

在本书末尾，我还要再强调一句，平常心不是"绝对不能打碎盘子"，可能有的时候盘子会掉下来、会摔碎，这个时候即使盘子碎了，也不要过于悲伤、过于惊讶，淡定地把摔在地上的盘子碎片收拾好，这就是平常心之所在。

讲到这里，想必读者朋友们已经非常明白了。"绝对不容许失败"这种顽固想法，是很容易被打破的，是很脆弱的。要允许有失败，且不要被失败所动摇，要有"算了吧"的精神，才能愉快地生活下去。

本章小结

日常生活中进行冥想的要点

用平常心来对待冥想

冥想中不要意气用事,放松地投入最重要

日常生活中可以融入的

没有"目的、目标"的行为、时间

在地铁里就可以进行冥想练习

在乘坐交通工具时也可以让自己的心沉静下来

用心去呼吸

接受无法顺利进行冥想的自己,接受总是装满各种杂念的自己,并调整这样的自己

吃饭时用心去咀嚼

不要一边吃饭一边做别的事情，尽量在自己能做到的时候让自己专心吃饭

拉伸

面向身体的疼痛点吸气，然后从疼痛点出发呼气

书写

书写自己内心的所思所想，并监控自己内心的心理变化，保持客观性

烦躁时写日记对情绪的稳定很有效

耕作、步行、游泳……

用心体会"此时此刻"这一瞬间的感受

即使自己无法做到，也要接受这样的自己

当自己无法做到坚持，做得不好时，不要放弃，不要拒绝这样的自己

图书在版编目（CIP）数据

别烦恼啦 /（日）小池龙之介著；李颖秋译 .-- 北京：北京联合出版公司，2022.5
ISBN 978-7-5596-6004-6

Ⅰ. ①别… Ⅱ. ①小… ②李… Ⅲ. ①人生哲学—通俗读物 Ⅳ. ① B821-49

中国版本图书馆 CIP 数据核字（2022）第 034417 号

HEIJOSHIN NO LESSON by Ryunosuke Koike
Copyright©2011 Ryunosuke Koike
All rights reserved.
Original Japanese edition published by Asahi Shimbun Publications Inc.
This Simplified Chinese language edition is published by arrangement with
Asahi Shimbun Publications Inc., Tokyo in care of Tuttle-Mori Agency, Inc., Tokyo
北京市版权局著作权合同登记 图字：01-2022-1194

别烦恼啦

作　　者：（日）小池龙之介
译　　者：李颖秋
出品人：赵红仕
责任编辑：牛炜征
封面设计：青空工作室

北京联合出版公司出版
（北京市西城区德外大街 83 号楼 9 层　100088）
河北鹏润印刷有限公司印刷　新华书店经销
字数 146 千字　787 毫米 ×1092 毫米　1/32　8 印张
2022 年 5 月第 1 版　2022 年 5 月第 1 次印刷
ISBN 978-7-5596-6004-6
定价：48.00 元

版权所有，侵权必究
未经许可，不得以任何方式复制或抄袭本书部分或全部内容
如发现图书质量问题，可联系调换。质量投诉电话：010-82069336